Anissa Eddhahak-Ouni

Simulation de l'usure superficielle dans les contacts roulants

Anissa Eddhahak-Ouni

Simulation de l'usure superficielle dans les contacts roulants

Régime non stationnaire

Presses Académiques Francophones

Impressum / Mentions légales

Bibliografische Information der Deutschen Nationalbibliothek: Die Deutsche Nationalbibliothek verzeichnet diese Publikation in der Deutschen Nationalbibliografie; detaillierte bibliografische Daten sind im Internet über http://dnb.d-nb.de abrufbar.

Alle in diesem Buch genannten Marken und Produktnamen unterliegen warenzeichen-, marken- oder patentrechtlichem Schutz bzw. sind Warenzeichen oder eingetragene Warenzeichen der jeweiligen Inhaber. Die Wiedergabe von Marken, Produktnamen, Gebrauchsnamen, Handelsnamen, Warenbezeichnungen u.s.w. in diesem Werk berechtigt auch ohne besondere Kennzeichnung nicht zu der Annahme, dass solche Namen im Sinne der Warenzeichen- und Markenschutzgesetzgebung als frei zu betrachten wären und daher von jedermann benutzt werden dürften.

Information bibliographique publiée par la Deutsche Nationalbibliothek: La Deutsche Nationalbibliothek inscrit cette publication à la Deutsche Nationalbibliografie; des données bibliographiques détaillées sont disponibles sur internet à l'adresse http://dnb.d-nb.de.

Toutes marques et noms de produits mentionnés dans ce livre demeurent sous la protection des marques, des marques déposées et des brevets, et sont des marques ou des marques déposées de leurs détenteurs respectifs. L'utilisation des marques, noms de produits, noms communs, noms commerciaux, descriptions de produits, etc, même sans qu'ils soient mentionnés de façon particulière dans ce livre ne signifie en aucune façon que ces noms peuvent être utilisés sans restriction à l'égard de la législation pour la protection des marques et des marques déposées et pourraient donc être utilisés par quiconque.

Coverbild / Photo de couverture: www.ingimage.com

Verlag / Editeur:
Presses Académiques Francophones
ist ein Imprint der / est une marque déposée de
AV Akademikerverlag GmbH & Co. KG
Heinrich-Böcking-Str. 6-8, 66121 Saarbrücken, Deutschland / Allemagne
Email: info@presses-academiques.com

Herstellung: siehe letzte Seite /
Impression: voir la dernière page
ISBN: 978-3-8416-2175-7

UNIVERSITE DE MARNE LA VALLEE
U. F. R. DE SCIENCES ET TECHNOLOGIES

N° attribué par la bibliothèque

ANNEE 2006
THESE
pour obtenir le grade de

DOCTEUR DE L'UNIVERSITE DE MARNE LA VALLEE
Discipline : Mécanique

présentée et soutenue publiquement

par

ANISSA EDDHAHAK-OUNI

le 12 Décembre 2006

TITRE :

MODELISATION DE L'USURE SUPERFICIELLE DANS LES CONTACTS ROULANTS. MISE EN PLACE DES METHODES ADAPTEES AU CAS NON STATIONNAIRE DES CONTACTS CAME GALET

Directeur de thèse : LUC CHEVALIER

JURY

RENE BILLARDON	PRESIDENT DU JURY
FRANÇOIS ROBBE-VALLOIRE	RAPPORTEUR
JEAN-PAUL DRON	RAPPORTEUR
LUC CHEVALIER	DIRECTEUR DE THESE
JEAN BERNARD AYASSE	EXAMINATEUR
QI-CHAN HE	EXAMINATEUR

Remerciements

Cette thèse est le fruit de trois années de recherche passées au laboratoire de mécanique de l'université de marne la vallée (laM-UMLV). Faute du soutien et de la collaboration de certaines personnes, cette thèse n'aurait pas pu aboutir. Ainsi, je tiendrai à remercier dans l'ordre les personnes suivantes :

✉ Monsieur Luc Chevalier, Professeur des universités
Université de Marne la Vallée
5 boulevard Descartes
Champs sur Marne
77454 MARNE LA VALLEE

En tant que mon directeur de thèse, je voudrais exprimer ma profonde reconnaissance et gratitude pour tout le temps que vous m'avez accordé pour mon encadrement durant ces trois années. C'est avec beaucoup d'enthousiasme que j'ai accueilli votre proposition de thèse dans le domaine de la mécanique de contact et je vous remercie d'avoir cru en moi et de m'avoir choisi pour l'effectuer. Nos diverses réunions et discussions passionnantes, qui ne m'ont jamais laissé indifférente, ont su dresser mes réflexions et épanouir mon goût à la mécanique. Vous étiez toujours efficace pour me dispenser conseils et orientations lorsque j'en avais besoin et de me faire bénéficier de votre richesse scientifique incontestée. J'étais particulièrement sensible à la confiance et la liberté que vous m'avez accordées pour gérer mon temps de travail et faire le choix entre les différentes pistes de recherche tout en veillant à vous imposer par des garde-fous quand il s'avère nécessaire. Par ailleurs, j'ai beaucoup apprécié vos hautes qualités humaines, votre respect et votre sens d'humour et j'espère que d'autres occasions se présenteront pour pouvoir en bénéficier.

📖 Monsieur Jean Bernard Ayasse, Directeur de la recherche à l'Inrets,
Monsieur Hugues Chollet, Chargé de recherche à l'Inrets
Laboratoire des technologies nouvelles LTN
INRETS
2, Avenue du Général Malleret-Joinville
F - 94114 ARCUEIL CEDEX

Je tiendrai à vous remercier chaleureusement pour nos conversations fructueuses tous les jeudis après midi dans le cadre des « réunions d'équipe » et pour votre collaboration pour lever les problèmes numériques dont souffrait ma programmation. Votre contribution dans le « semi hertzien » nous a élucidé différentes zones d'ombre dans notre étude et je vous en suis réellement reconnaissante.
Je tiendrais aussi à remercier Mr. Hugues Chollet pour tout le savoir qu'on pu partager depuis trois ans.

☺ Amis et collègues

Mes vifs remerciements à Xavier Quost, Docteur de l'Ecole centrale de Lyon, Michel Sébès, Ingénieur de recherche à l'Inrets pour les bons souvenirs de travail coopératif concernant la publication de notre premier papier collectif dans « Vehicle System Dynamic » et pour toutes nos correspondances électroniques fructueuses.

Je n'oublierai pas certes mes compagnons du LaM et tout le personnel qui y travaille. Je voudrais à l'occasion les saluer pour la sympathie et la bonne ambiance amicale qu'ils m'ont généreusement prodiguées durant ces trois années.

❤Famille

Evidemment, cette œuvre doit beaucoup à des gens qui comptent beaucoup dans ma vie. Je reconnais cependant que mes mots modestes ne satisferont point la multitude des pensés qui me viennent à l'esprit. Je remercie alors toute ma chère famille en Tunisie qui ont veillé sur mon bien être et ont témoigné durant de longues années de leur patience et persévérance pour me transmettre l'amour d'apprendre et de me cultiver. Le grade de Docteur est la modeste récompense que je peux vous offrir pour le moment et j'espère pouvoir mieux faire dans l'avenir afin de déployer davantage votre bonheur et fierté. Je remercie sincèrement mon mari Abdelkader Ouni d'avoir été à mes cotés, me soutenant patiemment et sagement, en dépit de ses contraintes professionnelles ainsi qu'à ma belle famille en Tunisie.

Résumé

La simulation de l'usure dans les contacts roulants est considérée l'une des plus grandes préoccupations des concepteurs et des industriels. Afin de pouvoir prolonger la durée de vie de leurs systèmes mécaniques, un outil de prédiction de l'usure doit être développé.

Ce travail de recherche a pour but de mettre en place une approche simplifiée pour la description de l'évolution de l'usure dans les pistes des cames des souffleuses des bouteilles plastiques fabriquées par Sidel. La forme cycloïdale de la came commande le roulement du galet et régit ainsi la cinématique du système d'ouverture/fermeture des moules. De ce fait, la vitesse de rotation du galet et l'effort de contact came/galet ne sont pas stationnaires et il est intéressant de pouvoir reproduire ces phénomènes transitoires et décrire le profil usé des solides en contact dans un régime non stationnaire.

Dans un premier temps, nous abordons l'étude en présentant une approche simplifiée pour résoudre le problème de contact roulant en régime stationnaire. La pertinence de la méthode est prouvée en la confrontant à l'approche exacte et en la testant sur différents cas critiques...

Ensuite, nous étendons cet outil au cas transitoire en prenant en compte l'aspect dynamique des solides en contact. Le modèle transitoire construit est puissant en temps de calcul et ses résultats sont en cohérence avec la réalité.

L'exemple industriel du système d'ouverture/fermeture des moules des machines de soufflage est traité en faisant l'hypothèse des pièces rigides et des liaisons parfaites. La loi d'Archard est utilisée en version modifiée pour décrire l'évolution du profil de la came usée en fonction des passages des galets.

En fin de cette étude et dans le but de traduire les phénomènes d'une façon plus réaliste, nous avons investigué la prise en compte de la flexibilité des pièces dans la modélisation. Les résultats numériques des équations de la dynamique non linéaire sont comparés aux résultats du modèle rigide afin de conclure sur l'influence de la flexibilité sur la réponse dynamique du système.

Mots clés : Contact roulant, non stationnaire, usure, dynamique, flexibilité.

Abstract

Wear simulation in rolling contact is considered one of the major concerns of designers and industrialists. In order to extend the life time of their mechanical systems, a wear prediction tool has to be developed.

The aim of this research is to develop a simplified approach for the description of wear evolution in cam's track of the plastic bottles blowing machines manufactured by Sidel. The cycloid shape of the opening/closing cam governs the roller movement and consequently the system kinematics. Thus, roller rotation velocity and normal contact load cam/roller are not stationary, so it's of interest to be able to describe these transient phenomena as well as the worn profiles of the contacting bodies during time.

First, we start the study by presenting a simplified approach for the resolution of the rolling contact problem in steady state. The method reliability is proved when compared with the exact theory and tested on several critical cases.

Second, we extend this approach to transient case by taking into account the dynamic feature of both solids. This transient model is fast, its results show a good agreement with the reality.

The industrial example of the moulds opening/closing system of the blowing machines is treated making the hypothesis of components stiffness and perfect joints. The Archard's law is used with a modified version to describe the evolution of worn cam profile versus rollers passages.

In the end of this work and in order to describe phenomena in a more realistic way, we investigated the influence of components flexibility in the modelling. Numerical results of non linear dynamic equations are compared with the stiff model to conclude on the effect of the flexibility on the system dynamic response.

Keywords: Rolling contact, non stationary, wear, dynamic, flexibility.

Table des matières

Table des figures

Liste des tableaux

Notations

A, B	Courbures dans les plans(x,z) et (y,z)	m^{-1}
a, b	Semis axes de l'ellipse de contact	m
a', b'	Semis axes de la zone d'adhérence selon Vermeulen et Johnson	m
A_l, b_l	Membres du système linéaire issu de la minimisation de I_y	m^2
a_l, b_l	Semis axes de l'ellipse virtuelle	m
a_1, b_1, c_1	Dimensions liées au carrousel de la SBO16	m
a_5, b_5	Caractéristiques géométriques du moule (5)	m
a_c	Amortissement critique	N.s/m
A_c	Courbure corrigée	m^{-1}
a_i	Bord d'attaque de la zone de contact	m
a_m	Amortissement	N.s/m
B, C, D	Intégrales elliptiques de Vermeulen et Johnson	
C	Coefficient de diffusion	
c	Nombre de courant	
c	Raideur à la torsion	N.m
C	Zone de contact	
C*	Coefficient de diffusion optimal	
C_{ij}	Coefficients de Kalker issue de la théorie exacte	
C_t	Couple résistant du galet	N.m
d	Largeur des moules	m
dN	Effort par bande donné par CONTACT	N
dn	Effort par bande donné par SHAD	N
dS	Elément de surface associé à I	m^2
dS	Elément de surface de la zone de contact donnée par CONTACT	m^2
ds	Elément de surface de la zone de contact donnée par SHAD	m^2
dz	Incrément d'usure	m
e	Distance entre les deux solides après déformation	m
E_c	Energie cinétique	$Kg.m^2/s^2$
E_i	Module d'Young du solide (i)	Pa
F	Effort normal de contact	N
F_B	Effort exercé par les biellettes sur les moules	N
F_C	Effort exercé par la biellette (3) sur le moule (5)	N
F_D	Effort exercé par la biellette (4) sur le moule (6)	N
F_{lin}	Effort linéique	N/m
F_n	Effort normal	N
F_s	Effort surfacique	N
F_t	Effort tangentiel	N
f_v	Forces volumiques	N/m^3
f_x, f_y	Forces élémentaires appliquées sur un élément de surface d'aire $\Delta x.\Delta y$	N
g_1, g_2	« Constantes » d'intégrations	m
G_i	Module de cisaillement du solide (i)	Pa
G_i	Module de cisaillement équivalent	Pa
h	Distance entre les deux solides avant déformation	m
H	Dureté du matériau	Pa

H_τ	Matrice de l'équation différentielle homogène	
h_0	Interpénétration entre les deux solides	m
I, J	Eléments de la zone potentielle de contact	
I_2, I'_2	Inerties des bras de commande de la SBO1	$Kg.m^2$
I_5, I_6	Inerties des moules (5) et (6)	$Kg.m^2$
I_g	Moment d'inertie du galet	$Kg.m^2$
I_y	Ecart quadratique	m^2
k	Coefficient d'usure	
k	Coefficient d'usure divisé par le coefficient de frottement	
K	Coefficient de quasi identité	
k	Elancement de l'ellipse de contact	m
k	Raideur	N/m
K	Rapport entre le seuil de saturation et le bord d'attaque	
K_m	Rigidité moyenne	N/m
L	Flexibilité équivalente	m/Pa
l	Longueur de la biellette	m
L_1, L_2, L_3	Flexibilités	m/Pa
l_2, l'_2	Longueurs des bras de commande de la SBO1	m
l_g	Largeur du galet	m
L_g	Longueur de glissement	m
l_i, L_i	Longueur de la pièce (i)	m
L^n	Erreur locale de troncature	
L_x, L_y	Flexibilités suivant x et y	m/Pa
L_y	Taille du domaine d'étude	m
M, N	Découpages suivant les directions x et y	
m, n, r	Coefficients elliptiques de Hertz	
m_5, m_6	Masses des moules (5) et (6)	Kg
M_{eq}	Masse équivalente	Kg
M_z	Moment de torsion	N.m
$\vec{n}$	Normale au solide	
$\vec{n}$	Vecteur normal à la came	
N_p	Nombre de passages des galets	
N_y	Nombre de points pour la description du profil suivant y	
O_g, O_r	Centres du galet et du rondin	
p	Pression	Pa
P_0	Maximum de pression	Pa
P_{ext}	Puissance des efforts extérieurs	w
P_l	Puissance linéique dissipée par contact	w/m
Ps	Puissance surfacique dissipée par contact	w/m^2
P_t	Puissance totale dissipée par contact	w
$p^T\alpha^*$	Estimation du développement de Taylor de la courbure	m
Q_i	Coefficients énergétiques associés aux coordonnées généralisées	N
q_i	Coordonnées généralisées	m, rad
r	Distance séparant un point du massif du point d'application de la charge	m
R_c	Rayon de courbure	m
R_f, R_o	Rayons de la came à la fin de fermeture et d'ouverture	m
R_x, R_y	Rayons dans les plans(x,z) et (y,z)	m
S	Section des biellettes	m^2
$\underline{s}$	Vecteur vitesse de glissement	m/s

T	Effort tangentiel résultant	N
T	Période d'ouverture	s
$\vec{t}$	Vecteur tangent à la came	
t	Temps	s
T_0	Période d'oscillation	s
T_x, T_y	Efforts tangentiels résultants suivant x et y	N
U	Energie potentielle	$Kg.m^2/s^2$
U^*	Champ de déplacement virtuel	m
u, v, w	Déplacements élastiques	m
V	Vitesse de renouvellement de contact	m/s
$w(\tilde{y})$	Fonction de pondération	
w'	Résultante des taux de glissements redimensionnés	
w_{gx}, w_{gy}	Vitesses de glissement dans les directions x et y	m/s
x, y, z	Coordonnées dans la base principale	m
X, Y, Z	Coordonnées locales	m
x', y'	Coordonnées du point d'application de l'effort surfacique F_s	m
x_0, x_f	Positions initiales et finales des moules pendant l'ouverture	m
x_5, y_5	Coordonnées du centre d'inertie du moule (5)	m
x_6, y_6	Coordonnées du centre d'inertie du moule (6)	m
x_a', y_a'	Coordonnées de la zone d'adhérence selon Vermeulen et Johnson	m
x_s	Seuil de saturation	m
Y_B	Composante suivant y de l'effort F_B	N
$\tilde{y}$	Longueur caractéristique adimensionnelle	
z_d	Distance diffusée entre les deux solides	m
z_e	Profil de l'éprouvette	m
$\Delta x, \Delta y$	Longueurs suivants x et y d'un élément de surface	m
ΔN	Effort par bande	N
Φ	Pseudo potentiel de dissipation visqueux	N.m/s
$\Delta\theta_e$	Débattement angulaire	rad
Ω	Domaine représentant un solide	
$\vec{\Omega}_g, \vec{\Omega}_r$	Vecteurs vitesses de rotation du galet et du rondin	rad/s
α	Angle formé par les courbures	rad
α_1, α_2	Angles que font les biellettes (3) et (4) avec l'axe y	rad
α_5	Angle géométrique relatif au moule (5)	rad
α_2	Angle entre les bras du levier de commande	rad
β, γ	Coefficients d'interpolation	
δ	Rapprochement des solides	m
ε	Déformation dû au déplacement	
ϕ	Pseudoglissement de spin	m^{-1}
γ	Pente du profil	m^{-1}
γ	Rapport entre semis axes	
φ	Position angulaire du galet	rad
$\varphi_{cf}, \varphi_{co}$	Angles que font les moules à la fin de fermeture et d'ouverture	rad
φ_x, φ_z	Défauts angulaires de mise en position du galet	
λ	Coefficient du lamé	Pa

λ	Rapport des courbures	
μ	Coefficient de frottement	
ν_x, ν_y	Pseudoglissements longitudinal et transversal	
ν_x^e, ν_y^e	Parties élastiques des vitesses de glissement suivant x et y	m/s
ν_x', ν_y'	Pseudoglissements redimensionnés selon Vermeulen et Johnson	
θ_{10}	Angle de rotation que fait le carrousel par rapport au bâti	rad
θ_5, θ_6	Angles des moules à l'ouverture	rad
θ_{ef}, θ_{eo}	Angles initiales et finales des moules pendant l'ouverture	rad
ρ	Facteur d'amplification	
ρ	Rayon de courbure de la came	m
σ	Contrainte	Pa
σ_{E5}, σ_{E6}	Moments cinétiques des moules (5) et (6)	Kg.m^2/s
τ	Effort surfacique tangentielle	Pa
$\underline{\tau}$	Vecteur cisaillement	Pa
υ	Coefficient de Poisson équivalent	
υ_i	Coefficient de Poisson du solide (i)	
ω_g, ω_r	Vitesses de rotation du galet et du rondin	rad/s
ω_{10}	Vitesse de rotation du carrousel	m/s
ω_{61}, ω_{51}	Vitesses de rotation des moules (5) et (6)	rad/s
ω_0	Pulsation propre	rad/s
ξ	Taux d'amortissement	
ξ, η	Coordonnées à la surface	m
ψ	Potentiel newtonien	N

Introduction générale

« On pense souvent que la tribologie qui concerne la lubrification, le frottement et l'usure, est née avec le développement industriel du 19ème et du 20ème siècle. Il n'en est rien. De tout temps l'homme a cherché à réduire le frottement et éviter l'usure ».

C'est avec ce constat que Jean Frêne *[FRE 01]* illustre le combat de l'homme de l'antiquité à nos jours pour surmonter, voire réduire les problèmes d'usure.
Le phénomène d'usure se traduit par une détérioration progressive du matériau au cours du temps. Il est observé généralement dans les contacts roulants accompagnés de frottement. Au fil du temps, les solides en contact s'usent et leurs propriétés mécaniques sont altérées. Cela pose des problèmes chez les industriels dont l'objectif est toujours de prolonger la durée de vie de leurs composants technologiques.

Les contacts entre solides sont souvent rencontrés dans notre vie courante. Ils sont à l'origine de toutes les liaisons des mécanismes. A titre d'exemple, nous pouvons citer les contacts Roue/Rail qu'on peut observer dans le secteur ferroviaire *[PIO 05]*, les contacts roulants dans les pistes des cames de certaines machines, les contacts au niveau des articulations du corps humain (hanche, genou, clavicules...) *[PLU 98, FLO 06]*. La démarche mise en place dans cette étude peut être généralisée à plusieurs applications industrielles.

On est donc amené à développer des modèles reproduisant le contact statique et dynamique entre solides afin d'être capable de simuler l'usure et prédire leurs durées de vie.
C'est dans ce contexte que ce travail de recherche est proposé. Ses objectifs peuvent être résumés comme suit :

- Développer une approche fiable et rapide pour la modélisation du contact roulant et l'estimation de la puissance dissipée par contact.

- Valider le modèle sur des cas sévères de contact roulant (géométrie variable, contact conforme, courbures négatives...).

- Généraliser la résolution aux cas des contacts roulants non stationnaires étant donné l'évolution de certains paramètres donnés au cours du temps.

- Exploiter l'approche établie dans un cadre industriel, celui des souffleuses des bouteilles plastiques et pouvoir simuler l'usure des cames de ces machines.

Les machines de soufflage sont des produits de Sidel. Cette société compte parmi les premiers concepteurs et fabricants des souffleuses caractérisées par une cinématique complexe et travaillant à des cadences élevées. Ces machines sont conçues pour fabriquer des bouteilles plastiques pour les boissons fortement gazeuses par soufflage dans des préformes injectées et préalablement ramollies .
Dans la conception de ces machines, on peut distinguer la présence des cames dont le rôle est d'imposer le roulement des galets sur ses pistes et contrôler ainsi la cinématique de tout le système. Parmi ces cames, citons la came qui assure l'ouverture et la fermeture des moules

dans lesquels les préformes injectées sont introduites pour effectuer l'opération de soufflage. C'est cette came qui servira d'illustration des méthodes mises en œuvre.

Machine de soufflage SBO10 (modèle 1991).

L'augmentation de la cadence de production impose aux machines de soufflage un rythme plus accéléré. Cela nécessite l'augmentation de la vitesse des opérations d'ouverture et fermeture des moules et le nombre de passages des galets sur la piste de came. Des conséquences technologiques sont donc à prévoir telles que l'usure superficielle de la came et son endommagement. Ce problème fait partie des motivations de cette thèse qui s'articule autour de quatre chapitres :

Dans le premier chapitre, nous présentons une mise en équations du problème complet de contact roulant ainsi qu'une synthèse bibliographique sur les méthodes de résolution utilisées. Nous montrons la démarche de résolution des équations exactes du problème et nous comparons les différentes approches simplifiées et leurs domaines de validité. Nous concluons ce premier chapitre par le choix d'une méthode de résolution simplifiée pour l'exploiter en perspective dans notre étude. Ce choix est justifié à la fin de ce chapitre.

Le deuxième chapitre est consacré au problème du contact roulant en régime stationnaire. Une approche simplifiée SHAD est proposée permettant de résoudre le problème normal et tangentiel du contact entre des solides quelconques. Cette approche est validée sur des cas extrêmes de contact et sa précision est prouvée en la confrontant à la méthode exacte.

Dans le troisième chapitre, nous introduisons le concept de l'usure dans les contacts roulants et proposons une écriture modifiée de la loi d'Archard qui permet de suivre l'évolution de l'usure à l'échelle microscopique. Cette écriture vient justifier la nécessité de développer l'outil SHAD dans le deuxième chapitre. Une extension aux cas des contacts non stationnaires est envisagée dans ce chapitre et nous proposons une méthode rapide adaptée à ce problème. Cette méthode est tout d'abord testée sur un cas d'école : galet/rondin en prenant en compte la dynamique des solides dans la modélisation. Un outil de simulation d'usure est inclus dans cette approche afin de pouvoir déterminer la géométrie finale du rondin au cours des passages du galet.

C'est dans le dernier chapitre qu'on adapte l'approche transitoire à l'application industrielle des souffleuses des bouteilles plastiques. Une étude cinématique et dynamique de la machine montre l'évolution de l'effort de contact et de la vitesse de roulement du galet au cours du temps permettant ainsi de déterminer la puissance dissipée pour chaque position du galet sur la came.

Des simulations sont réalisées afin de décrire le profil de la came usée pour différents cycles de roulement.

Pour affiner la connaissance de l'effort de contact, un second volet est abordé dans ce chapitre : la dynamique vibratoire de la machine. Le modèle est plus réaliste en envisageant les flexibilités des pièces. Nous montrons sur un exemple simplifié, puis sur le cas de la SBO1, l'influence de cette flexibilité sur la réponse dynamique. Nous discutons également l'effet de l'amortissement sur les courbes de réponse. Les résultats soulignent l'importance de la prise en compte de ce point dans la modélisation.

Chapitre 1

Sur la modélisation du contact roulant entre solides élastiques

1.1 Théorie de Hertz du contact normal élastique

Cette théorie constitue la première analyse mécanique du champ de contrainte dû à un contact élastique entre deux solides *[HER 96]*. Apparue pour la première fois dans les années 1880 quand Heinrich Hertz avait 23 ans, sa théorie a suscité beaucoup d'attention. Il a été inspiré par ses observations dans le domaine des interférences optiques *[JOH 85]*.

Etablie définitivement en 1882, sa théorie permet sous quelques hypothèses simplificatrices de résoudre le problème de contact normal entre deux corps élastiques de courbures constantes au voisinage du contact *[HIL 93, JIN 95, JIN 93]*.

1.1.1 Géométrie des corps en contact

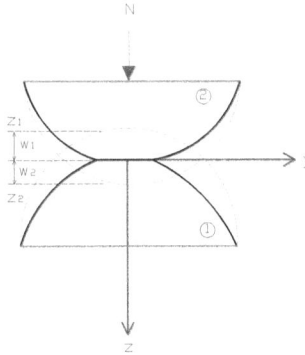

Figure 1.1. Déformation élastique sous charge normale

Les données du problème de Hertz sont les suivantes :

2 paraboloïdes (1) et (2) en contact en un point O du plan tangent (X,Y), l'axe Z est l'axe normal à ce plan dirigé de (2) vers (1) comme le montre la figure 1.1. Les surfaces initiales des deux solides peuvent s'exprimer dans leurs repères locaux par :

$$Z_1 = A_1 X_1^2 + B_1 Y_1^2 + C_1 X_1 Y_1 \tag{1.1}$$

$$Z_2 = -(A_2 X_2^2 + B_2 Y_2^2 + C_2 X_2 Y_2) \tag{1.2}$$

En choisissant convenablement notre base principale d'étude (x,y), la distance non déformée séparant les deux corps peut s'exprimer en fonction de leurs rayons de courbure à l'origine :

$$h = z_1 - z_2 = Ax^2 + By^2 = \frac{1}{2R_x}x^2 + \frac{1}{2R_y}y^2 \tag{1.3}$$

avec A et B deux constantes positives désignant les demi courbures des solides en contact, R_x et R_y sont respectivement les rayons dans les plans (x,z) et (y,z). Si les bases (X_1,Y_1) et (X_2,Y_2) font un angle φ non nul, nous pouvons démontrer les relations suivantes :

$$\begin{cases} A + B = \frac{1}{2}(\frac{1}{R_x} + \frac{1}{R_y}) = \frac{1}{2}(\frac{1}{R_{1x}} + \frac{1}{R_{1y}} + \frac{1}{R_{2x}} + \frac{1}{R_{2y}}) \\ |A - B| = \frac{1}{2}\left\{(\frac{1}{R_{1x}} - \frac{1}{R_{1y}})^2 + (\frac{1}{R_{2x}} - \frac{1}{R_{2y}})^2 + 2(\frac{1}{R_{1x}} - \frac{1}{R_{1y}})(\frac{1}{R_{2x}} - \frac{1}{R_{2y}})\cos 2\varphi\right\}^{\frac{1}{2}} \end{cases} \tag{1.4}$$

h étant la distance séparant les deux solides avant déformation. Un effort normal au plan (x,y) est appliqué et les deux corps se déforment localement afin qu'un équilibre s'établisse (Fig. 1.1). En supposant grâce à l'hypothèse des petites déformations que chaque point du solide (i) se déplace de w_i parallèlement à l'axe (Oz), la distance séparant les deux solides déformés sera :

$$e = z_1 + w_1 - (z_2 + w_2) - \delta = h + w_1 - w_2 - \delta = Ax^2 + By^2 + w_1 - w_2 - \delta \tag{1.5}$$

Lorsque les deux corps en contact s'écrasent sous l'action de l'effort normal, une aire de contact se forme et une distribution de pression s'établit. Nous pouvons aisément constater les relations suivantes :

- A l'intérieur de la zone de contact :

$$w_1 - w_2 = \delta - Ax^2 - By^2 \tag{1.6}$$

- A l'extérieur de la zone de contact :

$$w_1 - w_2 < \delta - Ax^2 - By^2 \tag{1.7}$$

Le problème de Hertz consiste donc à chercher outre la zone de contact, la distribution de pression qui engendre des déplacements vérifiant l'équation (1.6). Pour ce faire, quelques hypothèses sont à prendre en considération :

1.1.2 Théorie des potentiels

Hertz fait l'hypothèse des massifs semi infinis pour avoir recours aux résultats de Boussinesq en 1885 *[BOU 85]* et Cerruti en 1882 *[CER 82]* qui permettent de visualiser le champs de contraintes et de déformations dans un point quelconque d'un massif semi infini constitué d'un matériau élastique et isotrope chargé à sa surface z = 0 d'une pression p(ξ,η).

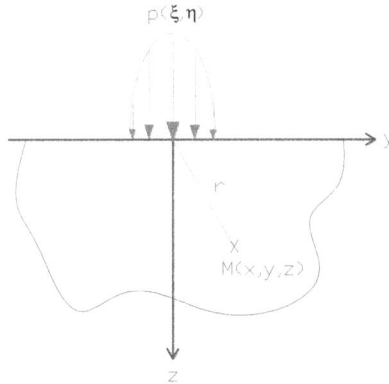

Figure 1.2. Problème de Boussinesq

Les travaux de Boussinesq sont fondés sur la théorie des potentiels *[CHE 04]* qui conçoit l'existence d'une fonction ψ à laplacien nul (Δψ = 0) qui s'écrit sous la forme :

$$\psi = \iint_S p(\xi,\eta)\ln(r+z)d\xi\,d\eta \tag{1.8}$$

où r désigne la distance entre le point d'application de la charge de coordonnées (ξ,η,0) et un point du massif M(x,y,z).

$$r = \sqrt{(\xi-x)^2 + (\eta-y)^2 + z^2} \tag{1.9}$$

Ce potentiel logarithmique permet de calculer les composantes du déplacement provenant de la déformation :

$$\begin{cases} u = -\dfrac{1}{4\pi G}\left(\dfrac{G}{\lambda+G}\dfrac{\partial\psi}{\partial x} + z\dfrac{\partial^2\psi}{\partial x\partial z}\right) \\[2ex] v = -\dfrac{1}{4\pi G}\left(\dfrac{G}{\lambda+G}\dfrac{\partial\psi}{\partial y} + z\dfrac{\partial^2\psi}{\partial y\partial z}\right) \\[2ex] w = \dfrac{1}{4\pi G}\left(\dfrac{\lambda+2G}{\lambda+G}\dfrac{\partial\psi}{\partial z} - z\dfrac{\partial^2\psi}{\partial z^2}\right) \end{cases} \tag{1.10}$$

avec G et λ sont respectivement le module de rigidité en cisaillement et le coefficient de Lamé du matériau.

G et λ sont liés au module d'young E et au coefficient de poisson υ du matériau par les relations :

$$\lambda = \frac{\upsilon E}{(1+\upsilon)(1-2\upsilon)} ; G = \frac{E}{2(1+\upsilon)} \tag{1.11}$$

Les déplacements en un point quelconque M du massif étant connus. Nous pouvons aisément déterminer les contraintes à partir de la loi de comportement.

$$
\begin{cases}
\sigma_{xx} = \frac{1}{2\pi}\left\{ \frac{\lambda}{\lambda+G}\frac{\partial^2 \psi}{\partial z^2} - \frac{G}{\lambda+G}\frac{\partial^2 \psi}{\partial x^2} - z\frac{\partial^3 \psi}{\partial x^2 \partial z} \right\} \\[2mm]
\sigma_{yy} = \frac{1}{2\pi}\left\{ \frac{\lambda}{\lambda+G}\frac{\partial^2 \psi}{\partial z^2} - \frac{G}{\lambda+G}\frac{\partial^2 \psi}{\partial y^2} - z\frac{\partial^3 \psi}{\partial y^2 \partial z} \right\} \\[2mm]
\sigma_{zz} = \frac{1}{2\pi}\left\{ \frac{\partial^2 \psi}{\partial z^2} + z\frac{\partial^3 \psi}{\partial z^3} \right\} \\[2mm]
\sigma_{xy} = -\frac{1}{2\pi}\left\{ \frac{G}{\lambda+G}\frac{\partial^2 \psi}{\partial x \partial y} + z\frac{\partial^3 \psi}{\partial x \partial y \partial z} \right\} \\[2mm]
\sigma_{xz} = -\frac{z}{2\pi}\frac{\partial^3 \psi}{\partial x \partial z^2} \\[2mm]
\sigma_{yz} = -\frac{z}{2\pi}\frac{\partial^3 \psi}{\partial y \partial z^2}
\end{cases} \tag{1.12}
$$

1.1.3 Résultats hertziens

En assimilant les deux solides en contact à des massifs semi infinis *[PLU 98]* et en utilisant les équations (1.11), les déplacements verticaux dans la zone de contact (z = 0) sont donnés par :

$$
\begin{cases}
w_1 = \frac{1-\upsilon_1^2}{\pi E_1}\frac{\partial \psi}{\partial z} \\[3mm]
w_2 = -\frac{1-\upsilon_2^2}{\pi E_2}\frac{\partial \psi}{\partial z}
\end{cases} \tag{1.13}
$$

En se basant sur un raisonnement présenté en détail dans *[LOV 26]*, Hertz propose une répartition elliptique de pression s'écrivant sous la forme :

$$P(x,y) = \frac{3F}{2\pi ab}\sqrt{1-(\frac{x}{a})^2-(\frac{y}{b})^2} \tag{1.14}$$

L'aire de contact est une ellipse de semi axes a et b caractérisée par l'équation :

$$\frac{x^2}{a^2} + \frac{y^2}{b^2} = 1 \tag{1.15}$$

On définit l'élancement k de l'ellipse de contact comme suit :

$$k = \frac{b}{a} \tag{1.16}$$

Les dimensions de la zone de contact a et b et le rapprochement des solides loin du contact sont respectivement donnés par :

$$a = m\left(\frac{3F}{2(A+B)}\frac{(1-\upsilon^2)}{E}\right)^{1/3}$$

$$b = n\left(\frac{3F}{2(A+B)}\frac{(1-\upsilon^2)}{E}\right)^{1/3} \tag{1.17}$$

$$\delta = r\left(\frac{3F}{2}\frac{(1-\upsilon^2)}{E}\right)^{2/3}(A+B)^{1/3}$$

où m, n et r correspondent à des intégrales elliptiques et sont tabulées en fonction de l'angle α (Annexe 1.1) :

$$\alpha = Ar\cos\left(\frac{|A-B|}{A+B}\right) \tag{1.18}$$

$$m = \sqrt[3]{\frac{2}{\pi\cos^2(\alpha/2)}\int_0^\infty \frac{d\xi}{\sqrt{(1+\xi^2)^3(k^2+\xi^2)}}}$$

$$n = \sqrt[3]{\frac{2}{\pi\sin^2(\alpha/2)}\int_0^\infty \frac{d\xi}{\sqrt{(1+\xi^2)^3(\frac{1}{k^2}+\xi^2)}}} \tag{1.19}$$

$$r = \frac{2}{\pi m}\int_0^\infty \frac{d\xi}{\sqrt{(1+\xi^2)(k^2+\xi^2)}}$$

1.2   Approche exacte du contact roulant : CONTACT

« CONTACT » est un programme développé par J.J.Kalker *[KAL 00, KAL 87]* en 1987. Depuis les années 90, ce code a été restructuré en lui rajoutant de nouveaux solveurs avec une extension au cas du contact viscoélastique pour une meilleure exploitation. Basée sur la théorie de l'élasticité, cette approche constitue un code des éléments frontières qui permet d'une manière discrétisée la résolution du problème de contact roulant dans le cas général. Son temps de calcul est très important ce qui constitue le point faible de cette méthode. Dans ce qui suit nous présentons les équations régissant le problème de contact et nous détaillerons la démarche de résolution.

1.2.1 Mise en équation du problème de contact roulant

Soit un domaine Ω continu dans lequel agit des efforts volumiques f_v, soumis sur une partie de sa frontière S_F à un chargement donné F_s et possédant une condition limite en déplacement sur S_u. Dans le cas d'un contact entre deux solides, l'objectif est de déterminer pour chaque corps en contact autrement dit pour chaque domaine les couples $(\underline{\underline{\sigma}}, \vec{U})$ vérifiant les équations de mécanique des milieux continus.

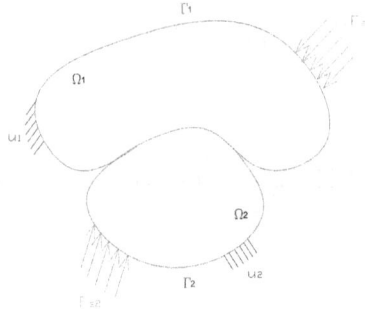

Figure 1.3. Problème de contact

Le point de départ pour un problème élastique est l'équation d'équilibre. Dans le cas stationnaire, cette équation s'écrit :

$$\sigma_{ij,j} + f_{vi} = 0 \qquad i,j = 1,2,3 \tag{1.20}$$

En multipliant cette équation par un champ de déplacement virtuel U* et en intégrant sur le domaine Ω, nous obtenons l'expression du principe des puissances virtuelles :

$$\sum_{i=1,2} \int_{\Omega_i} (\underline{div\,\underline{\sigma}} + \underline{f_v})\underline{U}^* \, d\Omega = 0 \tag{1.21}$$

En utilisant la loi de comportement et en exploitant les conditions aux limites nous aboutissons à l'expression suivante :

$$-\sum_{i=1,2} \int_{\Omega_i} (2G\underline{\underline{\varepsilon}}(\vec{U}) : \underline{\underline{\varepsilon}}(\vec{U}^*) + \lambda\, div\vec{U}\, div\vec{U}^*)d\Omega + \sum_{i=1,2} \int_{\Omega_i} \vec{f_v}\vec{U}^* d\Omega + \sum_{i=1,2} \int_{\Gamma_{fi}} \vec{F_s}\vec{U}^* dA = 0$$

$$\forall \vec{U}^* = \vec{0} \tag{1.22}$$

Outre les équations d'élasticité, les champs $(\underline{\sigma}, \vec{U})$ solutions du problème doivent vérifier les relations d'interaction entre les deux solides dans la zone de contact. En effet, il faut que les deux solides ne s'interpénètrent pas, les efforts normaux soient compressifs et les efforts surfaciques s'opposent. En notant par $\vec{n}$ la normale sortante de Ω_1, les équations d'interface s'écrivent respectivement :

$$\begin{cases} (\vec{U}_2 - \vec{U}_1)\vec{n} \geq 0 \\ F_{n1} = -F_{n2} \leq 0 \\ \vec{F}_{t1} = -\vec{F}_{t2} \end{cases} \tag{1.23}$$

1.2.2 Relations efforts/déplacements : notion de découplage

Rappelons que les inconnues pour ce problème sont les déplacements et le champ de contraintes. En s'inspirant du théorème de Maxwell Betty et en assimilant les solides élastiques à des massifs semi infinis vues les faibles dimensions de la zone de contact devant celles des corps en contact, nous allons résoudre notre problème (b) en considérant un champ de déplacement virtuel solution d'un problème connu (a). Ce dernier résolu depuis les années 1920 par Love *[LOV 26]* est le problème de la charge concentrée sur un massif semi infini (Fig. 1.4).

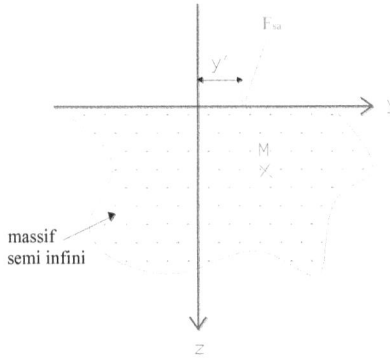

Figure 1.4. Problème (a)

En supposant que les deux problèmes possèdent les mêmes conditions limites, les principe des puissances virtuelles s'écrivent respectivement pour les problèmes (a) et (b) :

$$-\int_\Omega (2G\underline{\underline{\varepsilon}}(\vec{U}_a) : \underline{\underline{\varepsilon}}(\vec{U}_b^*) + \lambda\, div\vec{U}_a\, div\vec{U}_b^*)d\Omega + \int_\Omega \vec{f}_{va}\vec{U}_b^* d\Omega + \int_{\Gamma_f} \vec{F}_{sa}\vec{U}_b^* dA = \vec{0}$$
$$-\int_\Omega (2G\underline{\underline{\varepsilon}}(\vec{U}_b) : \underline{\underline{\varepsilon}}(\vec{U}_a^*) + \lambda\, div\vec{U}_b\, div\vec{U}_a^*)d\Omega + \int_\Omega \vec{f}_{vb}\vec{U}_a^* d\Omega + \int_{\Gamma_f} \vec{F}_{sb}\vec{U}_a^* dA = \vec{0} \tag{1.24}$$

avec $\vec{F}_{sa}$ est le vecteur force de composantes F_{xa}, F_{ya}, F_{za} respectivement suivant x, y et z représentant la charge ponctuelle appliquée en un point de la surface du massif repéré par sa position (x',y'). $\vec{U}_a$ désigne le déplacement de ce point dû à la charge $\vec{F}_{sa}$. $\vec{F}_{sb}$ est le vecteur force surfacique solution du problème ayant pour composantes (τ_{xz}, τ_{yz}, p).

En supposant négligeable la contribution des efforts de volume et en constatant l'égalité des deux premiers termes de l'expression (1.24) nous déduisons la relation suivante :

$$\int_{\Gamma_f} \left(\tau_{xz}(x',y')u_a + \tau_{yz}(x',y')v_a + p(x',y')w_a \right) dx'dy' \\ = u(x,y)F_{xa} + v(x,y)F_{ya} + w(x,y)F_{za} \tag{1.25}$$

Les déplacements élastiques u_a, v_a et w_a du problème (a) de la charge ponctuelle sur le massif semi infini sont reliés à la force concentrée par des fonctions caractérisant les propriétés élastiques du matériau constituant le massif et dépendant de la position du point d'application de la charge par rapport au point de coordonnées (x,y) de l'intérieur du massif *[KAL 67, LOV 29]*.

En définitif, en considérant seule non nulle successivement F_{xa} puis F_{ya} et enfin F_{za}, les déplacements en un point appartenant au corps i sont reliés aux efforts surfaciques agissant dans la zone de contact C par les équations suivantes :

$$u_i(x,y,-(-1)^i z) = \frac{1}{4\pi G_i}[\int_C -(-1)^i \tau_{xz}(x',y') \left\{ \begin{array}{l} \dfrac{1}{r} + \dfrac{1-2\upsilon_i}{|z|+r} + \dfrac{(x-x')^2}{r^3} \\ -\dfrac{(1-2\upsilon_i)(x-x')^2}{r(|z|+r)^2} \end{array} \right\}$$

$$+ -(-1)^i \tau_{yz}(x',y') \left\{ \dfrac{(x-x')(y-y')}{r^3} - \dfrac{(1-2\upsilon_i)(x-x')(y-y')}{r(|z|+r)^2} \right\} \tag{1.26}$$

$$+ p(x',y') \left\{ \dfrac{(x-x')|z|}{r^3} - \dfrac{(1-2\upsilon_i)(x-x')}{r(|z|+r)} \right\} dx'dy']$$

$$v_i(x,y,-(-1)^i z) = \frac{1}{4\pi G_i}[\int_C -(-1)^i \tau_{xz}(x',y') \left\{ \begin{array}{l} \dfrac{(x-x')(y-y')}{r^3} - \\ \dfrac{(1-2\upsilon^i)(x-x')(y-y')}{r(|z|+r)^2} \end{array} \right\}$$

$$+ -(-1)^i \tau_{yz}(x',y') \left\{ \dfrac{1}{r} + \dfrac{1-2\upsilon^i}{|z|+r} + \dfrac{(y-y')^2}{r^3} - \dfrac{(1-2\upsilon^i)(y-y')^2}{r(|z|+r)^2} \right\} \tag{1.27}$$

$$+ p(x',y') \left\{ \dfrac{(y-y')|z|}{r^3} - \dfrac{(1-2\upsilon^i)(y-y')}{r(|z|+r)} \right\} dx'dy']$$

$$w_i(x,y,-(-1)^i z) = \frac{1}{4\pi G_i}\left[\int_C \tau_{xz}(x',y')\left\{\frac{(x-x')|z|}{r^3} + \frac{(1-2\upsilon^i)(x-x')}{r(|z|+r)}\right\}\right.$$

$$+\tau_{yz}(x',y')\left\{\frac{(y-y')|z|}{r^3} - \frac{(1-2\upsilon^i)(y-y')^2}{r(|z|+r)^2}\right\}$$

$$\left.+-(-1)^i p(x',y')\left\{\frac{|z|^2}{r^3} + \frac{(1-2\upsilon^i)}{r}\right\}dx'dy'\right] \quad (1.28)$$

avec r est la distance entre le point d'application de la charge et un point du massif donné par :

$$r = \sqrt{(x-x')^2 + (y-y')^2 + z^2} \quad (1.29)$$

L'indice i vaut 1 pour la massif du haut et 2 pour celui du bas. Avec cette notation, nous pouvons constater que dans le cas où $G_1 = G_2$ et $\upsilon_1 = \upsilon_2$, les déplacements des solides en contact (1) et (2) obéissent aux conditions suivantes :

$$\begin{cases} u_1(x,y,z) = u_2(x,y,-z) \\ v_1(x,y,z) = v_2(x,y,-z) \qquad si\ \tau_{xz} = \tau_{yz} = 0 \\ w_1(x,y,z) = -w_2(x,y,-z) \end{cases} \quad (1.30)$$

La solution de notre problème s'obtient en considérant uniquement les déplacements sur la frontière correspondant à z = 0. Ainsi, les déplacements élastiques pour le problème complet (normal et tangentiel) du contact s'écrivent de la manière suivante :

$$u(x,y) = u_1(x,y,0) - u_2(x,y,0)$$
$$= \frac{1}{\pi G}\int_C [\tau_{xz}(x',y')\left\{\frac{1-\upsilon}{r} + \frac{\upsilon(x'-x)}{r^2}\right\} + \tau_{yz}(x',y')\left\{\frac{\upsilon(x-x')(y-y')}{r^3}\right\}$$
$$- p(x',y')K\frac{(x'-x)}{r^2}]dx'dy' \quad (1.31)$$

$$v(x,y) = v_1(x,y,0) - v_2(x,y,0)$$
$$= \frac{1}{\pi G}\int_C [\tau_{xz}(x',y')\left\{\frac{\upsilon(x-x')(y-y')}{r^3}\right\} + \tau_{yz}(x',y')\left\{\frac{1-\upsilon}{r} + \frac{\upsilon(y-y')^2}{r^3}\right\}$$
$$- p(x',y')K\frac{(y-y')}{r^2}]dx'dy \quad (1.32)$$

$$w(x,y) = w_1(x,y,0) - w_2(x,y,0)$$
$$= \frac{1}{\pi G}\int_C [\tau_{xz}(x',y')K\frac{(x-x')}{r^2} + \tau_{yz}(x',y')K\frac{(y-y')}{r^2} + p(x',y')\frac{1-\upsilon}{r}]dx'dy' \quad (1.33)$$

avec :

G et υ sont respectivement le module de rigidité en cisaillement et le coefficient de Poisson équivalents des deux solides :

$$\frac{1}{G} = \frac{1}{2}\left(\frac{1}{G_1} + \frac{1}{G_2}\right)$$
$$\frac{\upsilon}{G} = \frac{1}{2}\left(\frac{\upsilon_1}{G_1} + \frac{\upsilon_2}{G_2}\right)$$

(1.34)

K est le paramètre de quasi identité, il est nul lorsque les solides en contact ont les mêmes caractéristiques élastiques *[PAN 03]*, ce qui se traduit aussi par le mot « quasi identiques », ou lorsqu'ils sont quasi incompressibles $\upsilon_1 = \upsilon_2 \approx 0,5$. Il est donné par l'expression :

$$K = \frac{G}{4}\left(\frac{1-2\upsilon_1}{G_1} - \frac{1-2\upsilon_2}{G_2}\right)$$

(1.35)

A titre d'exemple, K vaut 0,03 dans le cas de contact acier/laiton et 0,09 pour le cas acier/aluminium. Il peut de même être négligé dans les conditions suivantes :

$$K \approx 0 \; lorsque \begin{cases} \upsilon_2 \approx \dfrac{1}{2} \; et \; G_1 >> G_2 \\ \upsilon_1 \approx \dfrac{1}{2} \; et \; G_2 >> G_1 \end{cases}$$

(1.36)

Dans le cas où les solides en contact sont quasi identiques, les déplacements u et v deviennent indépendants de la pression de contact p. De même, le déplacement w n'est pas influencé par les efforts de cisaillement τ_{xz} et τ_{yz}. On parle dans ce cas d'un découplage entre le problème normal et le problème tangent. Les équations d'élasticité se simplifient sous cette hypothèse et deviennent :

$$u(x,y) = \frac{1}{\pi G}\int_C [\tau_{xz}(x',y')\left\{\frac{1-\upsilon}{r} + \frac{\upsilon(x'-x)}{r^2}\right\} + \tau_{yz}(x',y')\left\{\frac{\upsilon(x-x')(y-y')}{r^3}\right\}]dx'dy'$$

(1.37)

$$v(x,y) = \frac{1}{\pi G}\int_C [\tau_{xz}(x',y')\left\{\frac{\upsilon(x-x')(y-y')}{r^3}\right\}' + \tau_{yz}(x',y')\left\{\frac{1-\upsilon}{r} + \frac{\upsilon(y-y')^2}{r^3}\right\}]dx'dy$$

(1.38)

$$w(x,y) = \frac{1-\upsilon}{\pi G}\int_C \frac{p(x',y')}{r}dx'dy'$$

(1.39)

Dans ce cas, l'utilisation la théorie de Hertz pour déterminer l'aire de contact et la répartition de pression est légitime puisque le problème normal donné par l'équation (1.39) ne fait pas intervenir les efforts tangentiels.

1.2.3 Algorithme de résolution du problème normal dans le cas de quasi identité

Lorsque deux solides de courbures non constantes au voisinage du contact s'écrasent sous l'effet de l'effort normal de contact, un rapprochement δ loin du contact s'établit et l'écart entre les deux corps est donné par :

$$e(x,y) = h(x,y) - \delta + w(x,y) \tag{1.40}$$

avec h est l'écart entre les deux solides avant déformation connue aussi sous le nom « distance non déformée » *[KAL 72]*. Compte tenue de l'équation (1.39), l'écart entre les deux solides s'écrit :

$$e(x,y) = h(x,y) - \delta + \frac{1-\upsilon}{\pi G} \int_C \frac{p(x',y')}{r} \, dx' dy' \tag{1.41}$$

Il s'agit de résoudre cette équation sous les conditions limites suivantes :

- e > 0, p = 0 à l'extérieur de la zone de contact
- e = 0, p > 0 à l'intérieur de la zone de contact

$$(1.42)$$

Les inconnues de cette équation sont : l'aire de contact C, l'écart e et la pression p. Notons que si le contact est hertzien, l'aire de contact et la répartition de pression seront données grâce à la théorie de Hertz présentée au paragraphe 1.1. Dans le cas non hertzien, un algorithme itératif de résolution est adapté. Il consiste tout d'abord à prévoir une aire potentielle de contact qui va contenir la zone réelle de contact puis de la découper en $M_x \times M_y$ éléments respectivement suivant x et y comme le montre la figure ci-dessous.

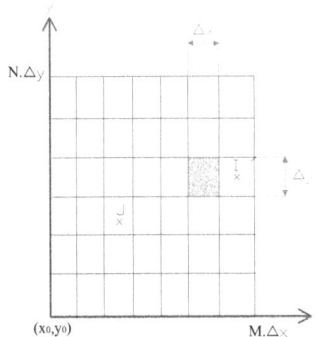

Figure 1.5. Aire potentielle de contact

Ensuite, nous supposons que la pression p est constante sur chaque élément. De ce fait, l'écart entre les deux solides s'écrit :

$$e(x_J, y_J) = h(x_J, y_J) - \delta + \frac{1-\upsilon}{\pi G} \sum_I \iint p(x_I, y_I) \frac{dS(I)}{\sqrt{(x_J - x_I)^2 + (y_J - y_I)^2}} \qquad (1.43)$$

Le processus itératif se résume dans les étapes suivantes :

- Nous supposons que tous les éléments de l'aire potentielle n'appartiennent pas à la zone de contact, ainsi la pression p est nulle ce qui nous permet de déterminer l'écart e.

- Nous déclarons tous les éléments ayant un écart négatif appartenant à la zone de contact, nous remettons e à 0 et nous recalculons les pressions correspondantes.

- Les éléments ayant des pressions négatives sont ramenés à l'extérieur du contact avec une pression nulle et nous calculons les écarts correspondants.

Les itérations se poursuivent jusqu'à ce que tous les écarts et les pressions soient positifs ou nuls comme l'exigent les conditions aux frontières (1.42).

Le problème normal étant donc résolu, reste à résoudre le problème tangent défini par les équations (1.37) et (1.38) auxquelles se rajoutent les équations régissant la cinématique du système (statique, glissement total, roulement, pivotement…). La pression n'intervient pas explicitement dans les équations (1.37) et (1.38), néanmoins nous pouvons constater une dépendance indirecte des efforts tangentiels à la pression p à travers la loi de frottement de Coulomb *[COU 85]* :

$$\begin{cases} \vec{w}_g = \vec{0} \Rightarrow |\vec{\tau}| \leq \mu p \\ \vec{w}_g \neq \vec{0} \Rightarrow |\vec{\tau}| = \mu p \quad \text{et} \quad \vec{\tau} = -\frac{\mu p}{|\vec{w}_g|} \vec{w}_g \end{cases} \qquad (1.44)$$

où μ est le coefficient de frottement, $\vec{w}_g$ le vecteur vitesse de glissement dans la zone de contact et τ est la résultante des cisaillements τ_{xz} et τ_{yz}.

Dans la suite, nous allons procéder à une description cinématique des deux solides en contact dans le cas du roulement stationnaire.

1.2.4 Description cinématique du problème, notion de pseudoglissements

Nous considérons deux solides de révolution galet/rondin en contact normal de rayons respectifs R_g et R_r dans le plan (xoz). Le rondin qui représente le solide (2) sur lequel s'appuie le galet est d'une forme cylindrique et animé d'une vitesse de rotation ω_r. Le galet n'est pas parfaitement cylindrique et présente un bombé de rayon B_g, le solide (1) est entraîné en rotation par adhérence avec le rondin au niveau du point de contact. Le repère des coordonnées cartésiennes est choisi de telle sorte que l'axe z soit positif vers le bas et l'axe x orienté dans le même sens que le roulement des solides.

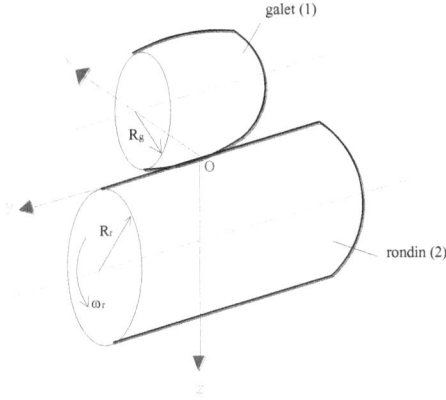

Figure 1.6. Repérage des solides en contact

Les deux solides sont soumis à un effort normal de contact, ils vont donc s'écraser en formant une petite zone elliptique de contact à l'interface $z = 0$ de semi axes a et b et d'équation :

$$C = \left\{ \left(\frac{x}{a} \right)^2 + \left(\frac{y}{b} \right)^2 = 1; \ z = 0 \right\} \qquad (1.45)$$

Nous prenons comme origine du repère le centre de l'ellipse C. Afin de pouvoir appliquer les résultats de la théorie d'élasticité de Boussinesq, nous assimilerons les deux solides à des massifs semi infinis vues les dimensions importantes des corps en contact par rapport à celles de l'aire de contact C.

Dans un premier temps, sachant que les déformations sont très localisées au voisinage du contact, nous calculons la vitesse de glissement en considérant le mouvement de corps rigides des solides en contact *[CHE 00]* :

$$\vec{V}_g (M \in galet \, / \, rondin) = \vec{\Omega}_g \wedge \overrightarrow{O_g M} - \vec{\Omega}_r \wedge \overrightarrow{O_r M} \qquad (1.46)$$

Les points O_g et O_r se trouvent respectivement sur les axes de rotation du galet et du rondin. La rotation des solides est suivant l'axe $\vec{y}$, la vitesse de rotation est dirigée suivant $\vec{x}$ comme le montre la figure 1.7.

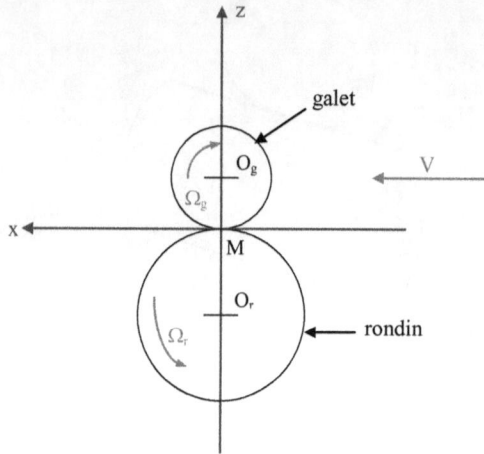

Figure 1.7. Solides en rotation

En notant par φ_x et φ_z les défauts angulaires de parallélisme au niveau de la mise en position de l'axe du galet par rapport à l'axe du rondin, nous pouvons exprimer dans la base (x,y,z) les quantités suivantes :

$$\vec{\Omega}_r = \begin{vmatrix} 0 \\ \omega_r \\ 0 \end{vmatrix} \quad \overrightarrow{O_rM} = \begin{vmatrix} x \\ y \\ R_{xr} \end{vmatrix} \qquad \vec{\Omega}_g \approx \begin{vmatrix} -\varphi_z\omega_g \\ -\omega_g \\ -\varphi_x\omega_g \end{vmatrix} \quad \overrightarrow{O_gM} = \begin{vmatrix} x \\ y \\ -R_{xg} \end{vmatrix} \qquad (1.47)$$

On peut donc déduire en chaque point de l'ellipse de contact les composantes w_{gx} et w_{gy} de la vitesse de glissement :

$$\begin{cases} w_{gx} = R_{xg}\omega_g - R_{xr}\omega_r + y\varphi_x\omega_g \\ w_{gy} = -R_{xg}\varphi_z\omega_g - x\varphi_x\omega_g \end{cases} \qquad (1.48)$$

S'il n'y a pas de glissement dans la zone de contact, la quantité « $R_{xg}\omega_g - R_{xr}\omega_r$ » est nulle et

la vitesse de rotation du galet vaut : $\omega_g = -\dfrac{R_{xr}\omega_r}{R_{xg}}$. Cette quantité est en effet due aux efforts

internes dans le galet qui favorisent sa traînée et ralentissent son roulement : c'est le pseudoglissement longitudinal v_x qui caractérise un microglissement suivant l'axe x. Il apparaît lorsque le roulement entre les deux solides n'est pas parfait et s'accompagne d'un effort tangentiel transmis d'un solide à l'autre. Ce type de pseudoglissement peut être aussi dû à la lubrification qui diminue l'adhérence.

Il existe deux autres types de pseudoglissement qui sont dus à des défauts de mise en position des axes des deux solides. Le pseudoglissement transversal ou la dérive v_y caractérisant le micro-glissement suivant y. Il apparaît lorsque la vitesse de rotation du galet fait un angle non nul φ_z avec l'axe x appelé angle de dérive. Lorsque cet angle est important, cela peut engendrer de forts glissements à l'interface.

Le troisième type de pseudoglissement est le spin ϕ qui caractérise un micro-glissement suivant l'axe z. En effet, le défaut de parallélisme entre l'axe de rotation du galet et l'axe de rotation du rondin caractérisé par l'angle φ_x induit un mouvement de rotation autour de l'axe z appelé pivotement ou spin. Ce type de pseudoglissement est à l'origine de l'usure du matériau au voisinage du contact.

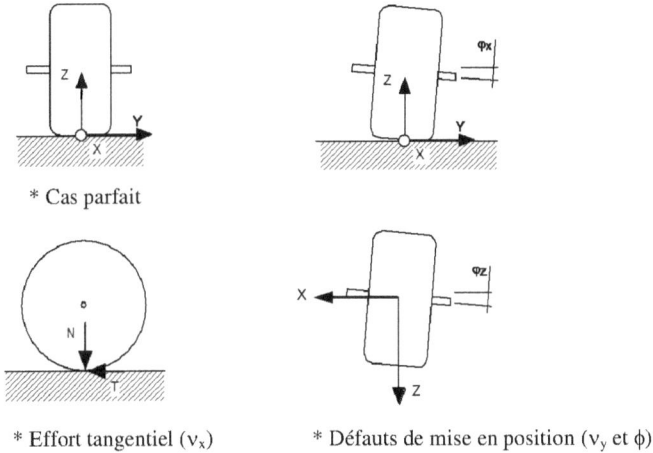

* Cas parfait

* Effort tangentiel (v_x)   * Défauts de mise en position (v_y et ϕ)

Figure 1.8. Pseudoglissements

Le système d'équations (1.48) peut se mettre sous la forme normalisée suivante :

$$\begin{cases} \dfrac{w_{gx}}{V} = v_x - y\phi \\ \dfrac{w_{gy}}{V} = v_y + x\phi \end{cases} \quad \text{avec}: \quad v_x = \dfrac{\delta V_x}{V} = \dfrac{R_{xg}\omega_g - R_{xr}\omega_r}{V}; \quad v_y = \dfrac{\delta V_y}{V} = -\varphi_z; \quad \phi = -\dfrac{\varphi_x}{R_{xg}} \quad (1.49)$$

En pratique, les solides ne sont pas parfaitement rigides mais plutôt déformables. Les déplacements élastiques provenant de la déformation contribuent eux aussi à la vitesse de glissement locale. Il convient donc de rajouter à la partie rigide de la vitesse de glissement les déformations élastiques qui s'écrivent dans le cas du roulement transitoire :

$$v_x^e = \frac{\partial u}{\partial t} - V\frac{\partial u}{\partial x} \qquad v_y^e = \frac{\partial v}{\partial t} - V\frac{\partial v}{\partial x} \qquad (1.50)$$

le signe (-) devant le terme de vitesse est dû au sens de défilement des particules par rapport au point de contact origine du repère. Pendant le roulement, ce dernier avance de l'arrière vers l'avant du contact avec une vitesse de renouvellement de contact dirigée suivant $\bar{x}$, parallèlement il observe les corps passer dans le sens contraire avec une vitesse V portée par $-\bar{x}$ *[KAL 00]*.

Dans le cas du roulement stationnaire, les termes $\dfrac{\partial u}{\partial t}, \dfrac{\partial v}{\partial t}$ sont nuls et les équations de la cinématique s'écrivent :

$$\begin{cases} \dfrac{w_{gx}}{V} = v_x - y\phi - \dfrac{\partial u}{\partial x} \\ \dfrac{w_{gy}}{V} = v_y + x\phi - \dfrac{\partial v}{\partial x} \end{cases} \qquad (1.51)$$

La démarche de résolution du problème tangent du contact roulant est itérative : on suppose un état initial pour lequel la zone d'adhérence est confondue avec la zone de contact. De ce fait, les vitesses de glissements w_{gx} et w_{gy} sont nulles et le système (1.51) permet le calcul des déplacements relatifs u et v. Une fois l'aire potentielle de contact discrétisée, les équations de l'élasticité (1.37) et (1.38) donnent un système linéaire qui permet de déterminer τ_{xz} et τ_{yz} par inversion. La loi de frottement de Coulomb (1.44) permet ensuite de distinguer les points où le cisaillement sature (zone de glissement) et ceux pour lesquels il y a adhérence. Cette partition permet d'affiner la zone où $w_{gx} = w_{gy} = 0$. On réitère la démarche jusqu'à stabilisation entre zone d'adhérence et de glissement.

Cette technique de résolution est gourmande en temps CPU surtout si l'on veut utiliser une discrétisation très fine de l'aire potentielle de contact. Dans le paragraphe suivant, nous allons présenter un certain nombre d'approches simplifiées plus économiques en temps de calcul servant à la résolution du problème de contact roulant.

1.3   Approches simplifiées de résolution du problème de contact roulant

1.3.1   Théorie linéaire de Kalker

La théorie linéaire de Kalker *[KAL 91, SAU 05]* permet la résolution du problème complet du contact roulant dans le cas où les pseudoglissements sont très faibles ou lorsque le coefficient de frottement est fort. Dans ce cas, la zone d'adhérence couvre entièrement l'aire de contact, les équations de la cinématique s'écrivent donc :

$$\begin{cases} v_x - y\phi - \dfrac{\partial u}{\partial x} = 0 \\ v_y + x\phi - \dfrac{\partial v}{\partial x} = 0 \end{cases} \qquad (1.52)$$

L'intégration de ces deux équations permet la détermination des déplacements élastiques :

$$\begin{cases} u = (v_x - \phi y)x + g_1(y) \\ v = (v_y x + \dfrac{\phi x^2}{2}) + g_2(y) \end{cases} \qquad (1.53)$$

Les « constantes » d'intégrations g_1 et g_2 sont déterminées en considérant les conditions limites sur le bord d'attaque $a_i = a\sqrt{1-(\dfrac{y_i}{b})^2}$:

$$u(a_i, y) = 0 \quad ; \quad v(a_i, y) = 0 \tag{1.54}$$

Ainsi, les déplacements relatifs sont donnés par :

$$\begin{cases} u = (v_x - \phi y)(x - a_i) \\ v = \dfrac{2v_y(x - a_i) + \phi(x^2 - a_i^2)}{2} \end{cases} \tag{1.55}$$

Par ailleurs, en injectant les déplacements donnés par le système (1.55) dans les équations de l'élasticité (1.37) et (1.38), nous obtenons un système non linéaire de 2 équations à 2 inconnues τ_{xz} et τ_{yz}. La résolution de ce système permet de déterminer les cissions et par conséquent les efforts tangentiels résultants *[KAL 00]* :

$$\begin{aligned} (T_x)_{exacte} &= -GabC_{11}v_x \\ (T_y)_{exacte} &= -GabC_{22}v_y - G(ab)^{3/2}C_{23}\phi \end{aligned} \tag{1.56}$$

avec C_{ij} sont des coefficients tabulés en fonction de l'élancement de l'ellipse de contact et le coefficient de Poisson (Annexe 1.2) vérifiant : $C_{11} > 0$, $C_{22} > 0$, $C_{23} = -C_{32} > 0$, $C_{33} > 0$ *[AYA 03]*.

Notons que dans le cadre de la théorie linéaire, les efforts tangentiels ne sont jamais saturés et on peut vérifier en chaque point de la zone de contact la condition suivante :

$$\begin{aligned} T &= \sqrt{T_x^2 + T_y^2} < \mu F \\ w_{gx} &= w_{gy} = 0 \end{aligned} \tag{1.57}$$

où μ et N sont respectivement le coefficient de frottement et l'effort normal de contact.

Alors que l'adhérence couvre entièrement la zone de contact dans la théorie linéaire de kalker, d'autres théories postulent la partition de cette aire en deux zones disjointes d'adhérence et de glissement.

1.3.2 Théorie de Vermeulen et Johnson

Cette théorie a été établie en 1964 par Vermeulen et Johnson *[VER 58, SHE 84]* dans le cas d'un contact roulant entre deux solides quasi identiques. Elle est limitée aux cas de contact avec des taux de glissements v_x, v_y quelconques et un spin ϕ nul *[KAL 90, KAL 04, TEL 00]* et considérée comme l'extension de la théorie de Carter *[CAR 26]* développée en 1926 qui a traité le problème de contact en considérant un pseudoglissement longitudinal seul non nul, puis la théorie de Johnson en 1958 *[JOH 58]*. Connaissant les pseudoglissements, la théorie de Vermeulen et Johnson permet d'une part de déterminer l'effort tangent total T dans la zone de contact et d'autre part de partitionner l'ellipse de contact en précisant le centre de la zone d'adhérence. Vermeulen et Johnson font l'hypothèse que la zone d'adhérence est représentée par une ellipse de même orientation et de même élancement que l'aire de contact (figure 1.9).

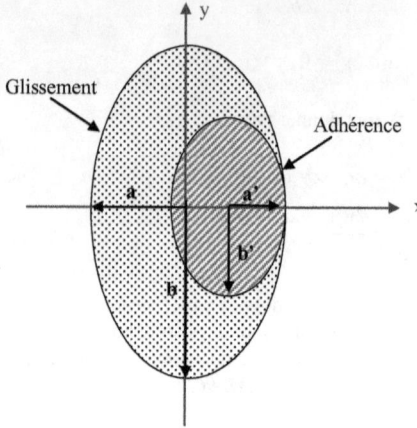

Figure 1.9. Aire de contact selon Vermeulen et Johnson

$$\text{Ellipse de contact} \quad C: \left\{ (x,y)\,/\,(\frac{x}{a})^2 + (\frac{y}{b})^2 \leq 1 \right\}$$

$$\text{Zone d'adhérence} \quad H = \left\{ (x_a',y_a')\,/\,x_a'= x+a'-a; \ \frac{a'}{a} = \frac{b'}{b} = \gamma; \ (\frac{x_a'}{a'})^2 + (\frac{y_a'}{b'})^2 \leq 1 \right\} \tag{1.58}$$

avec γ défini tel que :

$$\gamma = \left(1 - (\frac{T}{\mu F}) \right)^{1/3} \tag{1.59}$$

Pour établir leur loi de saturation, nous notons par f_x et f_y les forces élémentaires appliquées sur un élément de surface d'aire $\Delta x.\Delta y$ données par :

$$\begin{cases} f_x = \tau_{xz}\Delta x\Delta y \\ f_y = \tau_{yz}\Delta x\Delta y \end{cases} \tag{1.60}$$

Quand il y a adhérence, ces efforts s'écrivent :

$$\begin{cases} f_x = \dfrac{3GC_{11}}{8a}v_x(x-a_i)\Delta x\Delta y \\ f_y = \dfrac{3GC_{22}}{8a}v_y(x-a_i)\Delta x\Delta y \end{cases} \tag{1.61}$$

A la saturation, et en considérant une répartition parabolique de pression à laquelle est associée une force élémentaire f_z, les cisaillements valent dans ce cas μf_z.

Le seuil de saturation x_s peut être déterminé en résolvant l'équation : $f_x^2 + f_y^2 = \mu^2 f_z^2$.

Ainsi, nous pouvons calculer les efforts tangentiels résultants T_x et T_y comme suit :

$$
\begin{cases}
T_x = \int_{-a_i}^{x_s} \mu f_z \Delta x \Delta y \ dx + \int_{x_s}^{a_i} \frac{3GC_{11}}{8a} v_x (x - a_i) \Delta x \Delta y \ dx \\[4mm]
T_y = \int_{-a_i}^{x_s} \mu f_z \Delta x \Delta y \ dx + \int_{x_s}^{a_i} \frac{3GC_{22}}{8a} v_y (x - a_i) \Delta x \Delta y \ dx
\end{cases}
\tag{1.62}
$$

Cela nous conduit à l'expression de l'effort tangentiel résultant :

$$
T = \sqrt{T_x^2 + T_y^2} = 1 - \left(1 - \frac{Gab}{3} \sqrt{C_{11}^2 v_x^2 + C_{22}^2 v_y^2} \right)^3
\tag{1.63}
$$

Par ailleurs, pour valider leurs approches Vermeulen et Johnson ont réalisé des essais expérimentaux qui leur ont permis d'établir une loi cubique reliant l'effort tangent total T aux pseudoglissements v_x et v_y.

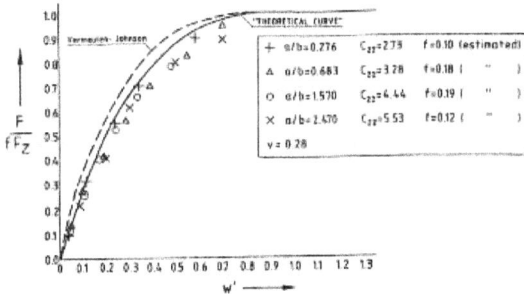

Figure 1.10. Résultats de Vermeulen et Johnson : comparaison du modèle théorique avec les essais expérimentaux

$$
T = \mu F [1 - (1 - w')^3] \Leftrightarrow w' = 1 - [1 - (\frac{T}{\mu F})]^{1/3} = 1 - \gamma^{1/3}
\tag{1.64}
$$

w' est la résultante des taux de glissements redimensionnés v'_x et v'_y.

$$
w' = \sqrt{v_x'^2 + v_y'^2}
$$

$$
v_x' = -\frac{\pi abG}{3\mu F} [B - \upsilon(D - C)]^{-1} v_x \qquad (a \leq b)
\tag{1.65}
$$

$$
v_y' = -\frac{\pi abG}{3\mu F} [B - \upsilon C (\frac{a}{b})^2]^{-1} v_y \qquad (a \leq b)
$$

où B, C et D sont des intégrales elliptiques fonctions du rapport a/b (Annexe 1.3). En comparant avec la théorie linéaire de Kalker *[LEG 94]*, on peut faire l'approximation suivante :

$$C_{11} \approx \pi [B - \upsilon(D-C)]^{-1}$$
$$C_{22} \approx \pi [B - \upsilon C(\frac{a}{b})^2]^{-1} \qquad (1.66)$$

1.3.3 Théories de Lutz et Wernitz

Par opposition à la théorie linéaire, la théorie de Lutz *[KAL 67]* fondée en 1957 a été conçue pour les cas où les pseudoglissements sont suffisamment importants pour que la zone de glissement couvre entièrement l'aire de contact. Dans ce cas, la contribution des déplacements élastiques à la vitesse de glissement peut être négligée et on a :

$$\begin{cases} \dfrac{w_{gx}}{V} = v_x - \phi y \\ \dfrac{w_{gy}}{V} = v_y + \phi x \end{cases} \qquad (1.67)$$

Les efforts tangents sont saturés sur la totalité de l'aire de contact et la vitesse de glissement locale est parfaitement déterminée par les équations (1.67).

Wernitz *[WER 62]* a adapté cette théorie dans le cas où l'aire de contact est de forme elliptique mais avec une restriction sur les pseudoglissements (soit $v_x = 0$ soit $v_y = 0$), ce qui n'est pas le cas pour Lutz qui a traité le problème dans le cas où les pseudoglissements coexistent mais lorsque l'aire de contact est circulaire.

1.3.4 Approche simplifiée de Kalker : FASTSIM

Les approches simplifiées présentées ci-dessus sont fiables et rapides mais présentent toutes un inconvénient commun : la restriction de leur utilisation. En effet, pour pouvoir appliquer l'une des méthodes il faut que les données du problème satisfassent aux hypothèses simplificatrices imposées (Adhérence partout, roulement sans spin, glissement parfait, etc...). Etablie par Kalker en 1982 *[KAL 82]*, Fastsim permet d'une manière simplifiée et rapide de résoudre les problèmes du contact roulant entre deux solides quasi identiques pour différents types de pseudoglissements sans restriction. Dans l'algorithme de résolution de Fastsim, Kalker suppose l'existence d'une zone d'adhérence à l'avant du contact dans laquelle le roulement se fait sans glissement et une zone de glissement pur à l'arrière du contact. Cette supposition est à l'origine de la théorie présentée par Haines et Ollerton *[HAI 63, SAN 04, BEL 02]* qui ont montré à travers leur étude de photoélasticité en 1963 la pertinence de cette supposition dans le cas où seul le pseudo glissement longitudinal est pris en compte.

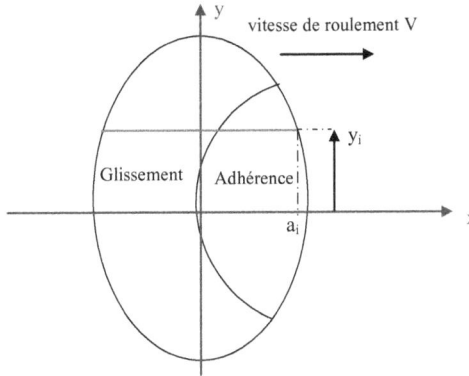

Figure 1.11. Partition de la zone de contact

Rappelons les équations de la cinématique dans le cas du roulement stationnaire :

$$\begin{cases} \dfrac{W_{gx}}{V} = v_x - y\phi - \dfrac{\partial u}{\partial x} \\ \dfrac{W_{gy}}{V} = v_y + x\phi - \dfrac{\partial v}{\partial x} \end{cases} \qquad (1.68)$$

Pour résoudre ce système d'équations, Kalker fait l'hypothèse de « tapis de ressorts » qui suppose que les déplacements élastiques dans la zone de contact sont proportionnels aux cissions τ_{xz} et τ_{yz} par des coefficients L_x et L_y représentant la flexibilité de contact. Tout se passe comme si l'aire de contact était un tapis de ressorts orientés dans le plan.

$$\begin{cases} u = L_x \tau_{xz} \\ v = L_y \tau_{yz} \end{cases} \qquad (1.69)$$

La définition de deux flexibilités est insuffisante pour assurer la compatibilité des résultats de la théorie simplifiée avec les résultats exacts donnés par la théorie linéaire de kalker. En effet, en injectant les relations (1.69) dans les équations de la cinématique et en se plaçant dans le cadre de la théorie linéaire où la zone de contact est entièrement collante, les cissions peuvent être déterminés et nous pouvons aisément calculer les efforts résultants T_x et T_y par intégration des cissions sur l'aire de contact :

$$\begin{aligned} T_x &= \int_{-a_i}^{a_i} \int_{-b}^{b} \tau_{xz}\,dxdy = -\frac{8a^2 b v_x}{3L_x} \\ T_y &= \int_{-a_i}^{a_i} \int_{-b}^{b} \tau_{yz}\,dxdy = -\frac{8a^2 b v_y}{3L_y} - \frac{\pi a^3 b \phi}{4L_y} \end{aligned} \qquad (1.70)$$

En égalisant les coefficients de v_x, v_y et ϕ des expressions de la théorie linéaire (Eq. 1.56) et de l'approche simplifiée (Eq. 1.70), nous définissons trois valeurs distinctes de flexibilité correspondantes à chaque type de pseudoglissement :

$$\begin{aligned} (v_x) \quad &: \quad L_1 = \frac{8a}{3C_{11}G} \\[2mm] (v_y) \quad &: \quad L_2 = \frac{8a}{3C_{22}G} \\[2mm] (\phi) \quad &: \quad L_3 = \frac{\pi a^2}{4G\sqrt{ab}\,C_{23}} \end{aligned}$$

(1.71)

Dans le cas où tous les pseudo glissements coexistent, Kalker *[KAL 00]* propose une flexibilité moyenne L :

$$L = \frac{L_1|v_x| + L_2|v_y| + L_3\left|\phi\sqrt{ab}\right|}{\sqrt{v_x^2 + v_y^2 + \phi^2 ab}}$$

(1.72)

Cette définition est construite de telle manière qu'on vérifie les conditions suivantes :

$$\begin{aligned} L = L_1 \qquad &si \qquad v_y = \phi = 0 \\ L = L_2 \qquad &si \qquad v_x = \phi = 0 \\ L = L_3 \qquad &si \qquad v_x = v_y = 0 \end{aligned}$$

(1.73)

On peut remarquer que cela n'est pas suffisant pour rendre aussi compatibles les expressions du moment de torsion M_z données par :

$$\begin{aligned} \text{Théorie linéaire} &\Rightarrow M_z = \int_C (x\tau_{yz} - y\tau_{xz})dxdy = G(ab)^{3/2}C_{32}v_y + G(ab)^2 C_{33}\phi \\[2mm] \text{Théorie simplifiée} &\Rightarrow M_z = \frac{\pi a^3 b \upsilon_y}{8L_y} + \frac{8a^2 b^3 \phi}{15L_y} \end{aligned}$$

(1.74)

En définitive et en tenant compte de cette approximation au niveau de la définition des flexibilités, les équations de Fastsim à résoudre s'écrivent :

$$\begin{cases} \dfrac{\mathrm{w}_{gx}}{VL} = \dfrac{v_x}{L_1} - \dfrac{\phi y}{L_3} - \dfrac{\partial \tau_{xz}}{\partial x} \\[4mm] \dfrac{\mathrm{w}_{gy}}{VL} = \dfrac{v_y}{L_2} + \dfrac{\phi x}{L_3} - \dfrac{\partial \tau_{yz}}{\partial x} \end{cases}$$

(1.75)

La résolution de ces équations se fait d'une manière discrétisée en découpant l'ellipse de contact en M x N éléments respectivement suivant x et y et en commençant à partir du bord d'attaque $x = a_i$. Notons que le découpage par Fastsim est différent de celui par CONTACT qui découpe d'une façon uniforme selon les directions x et y l'aire potentielle et non réelle de contact. Dans Fastsim, nous définissons un pas d'intégration constant suivant y : $dy = 2b / N$ et un pas variable suivant x : $dx(i) = 2a_i(i)/M$.

En admettant l'adhérence à l'avant de contact, les vitesses de glissement sont nulles. L'intégration des équations (1.75) en tenant compte de la nullité des cissions sur le bord d'attaque permet d'exprimer les efforts tangents dans la zone d'adhérence par les équations :

$$\begin{cases} \tau_{xz} = (\dfrac{v_x}{L_1} - \dfrac{\phi y}{L_3})(x - a_i) \\ \tau_{yz} = \dfrac{v_y(x - a_i)}{L_2} + \dfrac{\phi(x^2 - a_i^2)}{2L_3} \end{cases} \qquad (1.76)$$

Nous calculons ensuite le module tangent τ comme suit :

$$\tau = \sqrt{\tau_x^2 + \tau_y^2} \qquad (1.77)$$

Le test de saturation faisant appel à la loi de frottement de Coulomb permet de partitionner la zone de contact. En effet, si $\tau(x,y) < \mu\, p(x,y)$, le point M de coordonnées (x,y) est déclaré appartenant à la zone d'adhérence et la vitesse de glissement en ce point est nulle. Sinon, il y a glissement au point M et les efforts tangents saturent suivant la loi de Coulomb.

La détermination des cisaillements et des vitesses de glissement en chaque point de l'aire de contact permet d'accéder au calcul d'autres paramètres telles que la puissance linéique, la puissance par bande dissipées par contact. La détermination de ces quantités est assez importante car elle permet la simulation de l'usure comme nous le verrons plus loin.

1.4   Conclusion

Quelques modèles de résolution du problème de contact roulant entre deux solides élastiques sont présentés dans ce chapitre. En fonction des pseudoglissements accompagnant le contact (spin nul, pseudoglissements infinitésimaux…), la partition de la zone de contact et la répartition des cissions diffèrent. L'approche simplifiée Fastsim est l'approche généralisée la plus complète pour résoudre le problème du contact roulant élastique. Elle permet de résoudre le problème tangent de contact pour différents pseudoglissements sans restriction en se basant sur l'hypothèse de « tapis de ressorts ». Cette approche sera donc adoptée par la suite pour l'investigation des cissions et des vitesses de glissement dans la zone de contact.

Dans le chapitre suivant, nous allons prouver la pertinence de Fastsim en confrontant ses résultats dans un cas simple à la théorie exacte donnée par CONTACT. Ensuite, nous envisagerons le cas du contact entre deux solides de courbures non constantes au voisinage de contact. Dans ce cas, la théorie de Hertz ne permet pas de résoudre le problème normal et une méthode fiable doit être mise en place pour la détermination de la zone de contact.

Annexes

❖ **Annexe 1.1. Coefficients m, n et r en fonction de α**

α (°)	10	20	30	40	50	60	70	80	90
m	6.61	3.78	2.73	2.14	1.75	1.49	1.28	1.13	1
n	0.32	0.41	0.49	0.57	0.64	0.72	0.80	0.89	1
r	2.8	2.3	1.98	1.74	1.55	1.39	1.25	1.12	1

❖ **Annexe 1.2. Coefficients C_{ij} de la théorie linéaire de Kalker**

	C_{11}			C_{22}			$C_{23}=-C_{32}$			C_{33}		
g	$\nu=0$	1/4	1/2	$\nu=0$	1/4	1/2	$\nu=0$	1/4	1/2	$\nu=0$	1/4	1/2
↓0.0	$\pi^2/4(1-\nu)$			$\pi^2/4$			$\frac{\pi\sqrt{g}}{3(1-\nu)}(1+\nu(\tfrac{1}{2}A+ln4-5))$			$\pi^2/16(1-\nu)g$		
0.1	2.51	3.31	4.85	2.51	2.52	2.53	0.334	0.473	0.731	6.42	8.28	11.7
0.2	2.59	3.37	4.81	2.59	2.63	2.66	0.483	0.603	0.809	3.46	4.27	5.66
0.3	2.68	3.44	4.80	2.68	2.75	2.81	0.607	0.715	0.889	2.49	2.96	3.72
0.4	2.78	3.53	4.82	2.78	2.88	2.98	0.720	0.823	0.977	2.02	2.32	2.77
0.5	2.88	3.62	4.83	2.88	3.01	3.14	0.827	0.929	1.07	1.74	1.93	2.22
0.6	2.98	3.72	4.91	2.98	3.14	3.31	0.930	1.03	1.18	1.56	1.68	1.86
0.7	3.09	3.81	4.97	3.09	3.28	3.48	1.03	1.14	1.29	1.43	1.50	1.60
0.8	3.19	3.91	5.05	3.19	3.41	3.65	1.13	1.25	1.40	1.34	1.37	1.42
0.9	3.29	4.01	5.12	3.29	3.54	3.82	1.23	1.36	1.51	1.27	1.27	1.27
1.0	3.40	4.12	5.20	3.40	3.67	3.98	1.33	1.47	1.63	1.21	1.19	1.16
0.9	3.51	4.22	5.30	3.51	3.81	4.16	1.44	1.59	1.77	1.16	1.11	1.06
0.8	3.65	4.36	5.42	3.65	3.99	4.39	1.58	1.75	1.94	1.10	1.04	0.954
0.7	3.82	4.54	5.58	3.82	4.21	4.67	1.76	1.95	2.18	1.05	0.965	0.852
0.6	4.06	4.78	5.80	4.06	4.50	5.04	2.01	2.23	2.50	1.01	0.892	0.751
0.5	4.37	5.10	6.11	4.37	4.90	5.56	2.35	2.62	2.96	0.958	0.819	0.650
0.4	4.84	5.57	6.57	4.84	5.48	6.31	2.88	3.24	3.70	0.912	0.747	0.549
0.3	5.57	6.34	7.34	5.57	6.40	7.51	3.79	4.32	5.01	0.868	0.674	0.446
0.2	6.96	7.78	8.82	6.96	8.14	9.79	5.72	6.63	7.89	0.828	0.601	0.341
0.1	10.7	11.7	12.9	10.7	12.8	16.0	12.2	14.6	18.0	0.795	0.526	0.228
↓0.0	$\frac{2\pi}{(A-2\nu)g}\left\{1+\frac{3-ln4}{A-2\nu}\right\}$			$\frac{2\pi}{g}\left\{1+\frac{(1-\nu)(3-ln4)}{(1-\nu)A+2\nu}\right\}\big/(1-\nu)A+2\nu$			$\frac{2\pi}{3g\sqrt{g}}/((1-\nu)A-2+4\nu)$			$\frac{\pi}{4}\left\{1-\frac{\nu(A-2)}{(1-\nu)A-2+4\nu}\right\}$		

Les lignes de 0.1 à 0.9 correspondent à $\frac{a}{b}$; les lignes de 1.0 à 0.1 correspondent à $\frac{b}{a}$.

$A = ln(16/g^2)$; $g = min(a/b;b/a)$; $ln4 = 1.386$

❖ **Annexe 1.3. Les intégrales elliptiques B, C et D (Jahnke-Emde, 1943) :**

$$m' = \frac{S}{L}$$

$$S = \min(a,b) \qquad L = \max(a,b)$$

$$|m| = \sqrt{1-m'^2} \qquad m > 0 \text{ si } a < b, \quad m < 0 \text{ si } a > b$$

$$B = \int_0^{\pi/2} \frac{\cos^2 t}{\sqrt{1-m^2 \sin^2 t}} dt, \ B = D - m^2 C$$

$$C = \int_0^{\pi/2} \frac{\sin^2 t \cos^2 t}{\sqrt{1-m^2 \sin^2 t}} dt$$

$$D = \int_0^{\pi/2} \frac{\sin^2 t}{\sqrt{1-m^2 \sin^2 t}} dt$$

m'	B	C	D
↓ 0	1	-2+ln 4/m'	-1+ln 4/m'
0.1	0.9889	1.7351	2.7067
0.2	0.9686	1.1239	2.0475
0.3	0.9451	0.8107	1.6827
0.4	0.9205	0.6171	1.4388
0.5	0.8959	0.4863	1.2606
0.6	0.8719	0.3929	1.1234
0.7	0.8488	0.3235	1.0138
0.8	0.8267	0.2706	0.9241
0.9	0.8055	0.2292	0.8491
1.0	$.7864 = \frac{\pi}{4}$	$.1964 = \frac{\pi}{16}$	$.7854 = \frac{\pi}{4}$

Chapitre 2

Sur l'approche semi hertzienne pour les contacts roulants

Introduction

Dans cette partie, nous allons étendre la résolution du problème de contact au cas des solides non hertziens en roulement stationnaire. Le mot « hertzien » veut dire que les corps en contact ont des courbures constantes au voisinage du contact ce qui rend légitime l'utilisation de la théorie de Hertz.

Dans un premier temps, nous allons confronter les résultats de l'approche simplifiée Fastsim dans un cas simple aux résultats de la théorie exacte donnée par « CONTACT ». Dans la résolution par Fastsim, nous envisagerons deux cas de chargement : un chargement elliptique et un chargement parabolique. La comparaison à l'approche exacte servira de base pour l'arbitrage entre les deux types de chargement.

Dans un second temps, nous traiterons le cas d'un contact non hertzien avec un changement progressif au niveau de la courbure. Dans ce cas, la théorie de Hertz ne peut plus être applicable et une approche dite « semi hertzienne » *[AYA 05]* basée sur le principe d'interpénétration des corps en contact est mise en place pour la détermination rapide et précise de la zone de contact et de la répartition de pression. Des cas sévères de contact apparents notamment suite à l'usure des solides en contact (conformité...) montrent l'insuffisance de l'approche semi hertzienne pour la résolution du problème normal du contact non hertzien. Nous proposerons donc d'améliorer ce modèle en y introduisant un outil de diffusion donné par la méthode des éléments diffus *[NAY 91]* et *[COS 01]*. Pour rendre la résolution plus générale, une démarche d'optimisation est prise en compte permettant ainsi de « coller » les résultats au mieux de la théorie exacte *[CHE 06]*.

La simulation de l'usure dans les contacts roulants nécessite la connaissance de la puissance dissipée par contact. Ce paramètre dérive de la résolution du problème tangent qui consiste à déterminer les cisaillements et les vitesses de glissements agissant dans la zone de contact. En adaptant Fastsim au cas non hertzien, nous avons étendu l'approche semi hertzienne avec diffusion « SHAD » pour la résolution du problème tangent. Les résultats montrent une très bonne concordance en comparaison avec la méthode exacte.

Une étude du temps CPU montre que SHAD est environ 6000 fois plus rapide que l'approche exacte, ce qui constitue un point fort de la méthode surtout s'il s'agit résoudre le problème de contact en envisageant les différentes dispersions possibles *[CHE 05]*, *[SOI 01]*.

2.1 Cas d'un contact « hertzien »

2.1.1 Position du problème

Considérons le cas d'un contact entre deux solides de révolution galet/rondin soumis à un effort normal de contact F. Le repère (x,y) est choisi tangent au plan de contact, son origine O coïncide avec le centre de l'ellipse de contact. L'axe z est choisi de telle sorte que (x,y,z) constitue un repère orthonormé direct (figure 2.1).

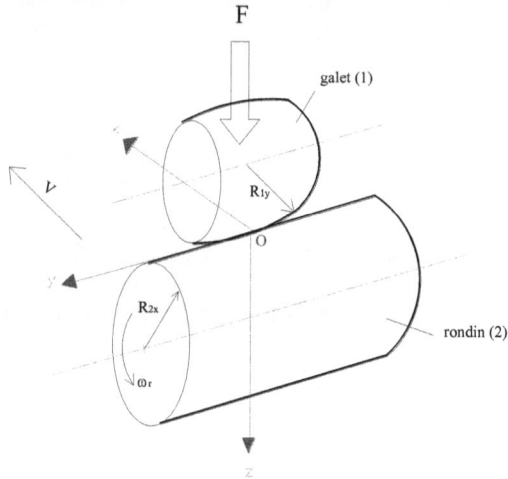

Figure 2.1. Repérage des solides en contact

Les solides élastiques sont en acier et présentant des caractéristiques élastiques identiques. Le galet n'est pas parfaitement cylindrique, il présente un rayon R_{xg} dans le plan (xoz) et un rayon du bombé R_{yg} dans le plan (yoz). Le rondin (ou aussi l'éprouvette) est cylindrique et de rayon R_{xe} dans le plan (xoz). Il est animé d'une vitesse de rotation $V = R_{xe}\omega_r$ dirigée suivant l'axe x et le galet est entraîné en rotation par adhérence.

Les caractéristiques géométriques et mécaniques sont récapitulées dans le tableau suivant :

	Galet	Rondin
Géométrie	$R_{xg} = 20$ mm $R_{yg} = 500$ mm	$R_{xe} = 25$ mm $R_{ye} \to \infty$
Caractéristiques élastiques	E = 210 000 MPa $\upsilon = 0,28$	
Chargement	F = 1500 N	
Rotation	$\omega_r = 1000$ tours/min	

Tableau 2.1. Caractéristiques géométriques et mécaniques du problème

On suppose que le contact entre le galet et le rondin s'accompagne d'un pseudoglissement longitudinal $v_x = 0,001$. Le coefficient de frottement pris en compte est $\mu = 0,1$.

Vues les courbures constantes des deux corps en contact, la théorie de Hertz permet aisément de calculer les dimensions de l'ellipse de contact et donner la répartition de pression qui agit sur cette zone. La zone de contact est donc elliptique de semis axes a et b et la répartition de pression p est ellipsoïdale. Son maximum P_0 est atteint au centre de l'ellipse de contact.

a (mm)	b (mm)	δ (mm)	P_0 (MPa)
0,229	2,627	0,0096	1190,5

Tableau 2.2. Solution analytique de Hertz

Dans ce qui suit, nous nous proposons de résoudre le problème complet de contact galet/rondin en roulement stationnaire par l'approche exacte puis de confronter ses résultats à ceux donnés par une résolution approchée par Fastsim.

2.1.2 Résolution par l'approche exacte

La résolution du problème normal par la méthode exacte nécessite la définition d'une aire potentielle de contact dans laquelle on estime trouver la zone réelle de contact. Les dimensions de l'aire potentielle sont estimées soit à partir de la solution analytique de Hertz si les conditions d'application sont satisfaites, soit à partir des résultats des premiers calculs qui permettent d'englober de mieux en mieux la zone de contact.

On présente sur la figure ci-dessous les résultats du problème normal donnés par CONTACT :

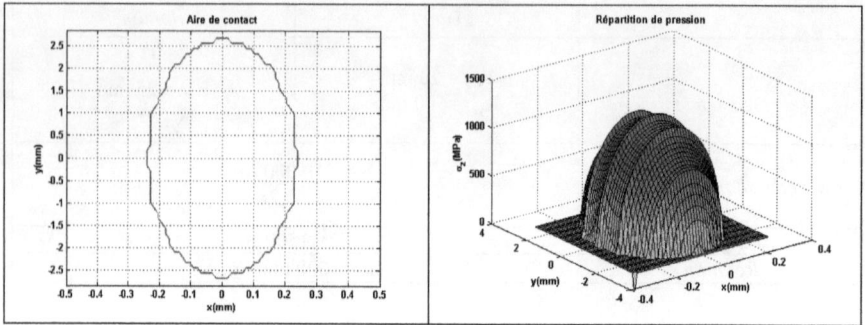

Figure 2.2. Zone de contact et répartition de pression donnée par l'approche exacte

Les solides sont de courbures constantes, la zone de contact est donc elliptique conformément à la théorie de Hertz. Ses dimensions sont très proches de la solution de Hertz :
a = 0,23 mm, b = 2,56 mm
La répartition de pression est supposée de forme ellipsoïdale dans CONTACT, Son maximum au centre vaut :
$P_0 = 1187$ MPa

Nous constatons la présence de quelques « bosses » au niveau de la distribution de pression. Ces bosses sont d'autant moins perceptibles que la description du profil du galet dans le plan (yoz) est d'autant plus fine. Par ailleurs, la discrétisation spatiale de la zone de contact M x N respectivement suivant x et y influence elle aussi l'aspect plus ou moins lisse de la zone de contact et de la répartition de pression. Les résultats de la figure ci-dessus correspondent à un découpage 50 x 50 de la zone de contact et $N_y = 10$ points pour décrire le profil suivant y. La zone potentielle considérée dans le calcul est schématisée sur la figure 2.2 (de droite) en bas de la pression. Elle est de forme rectangulaire symétrique par rapport aux axes x = 0 et y = 0. Ses dimensions sont 0,6 mm suivant x et 5,4 mm suivant y.
Dans ce qui suit, nous présenterons les allures de la zone de contact et de la répartition de pression pour différentes valeurs de découpages et de discrétisations du profil pour voir l'influence de la variation de ces deux paramètres sur la qualité des résultats.

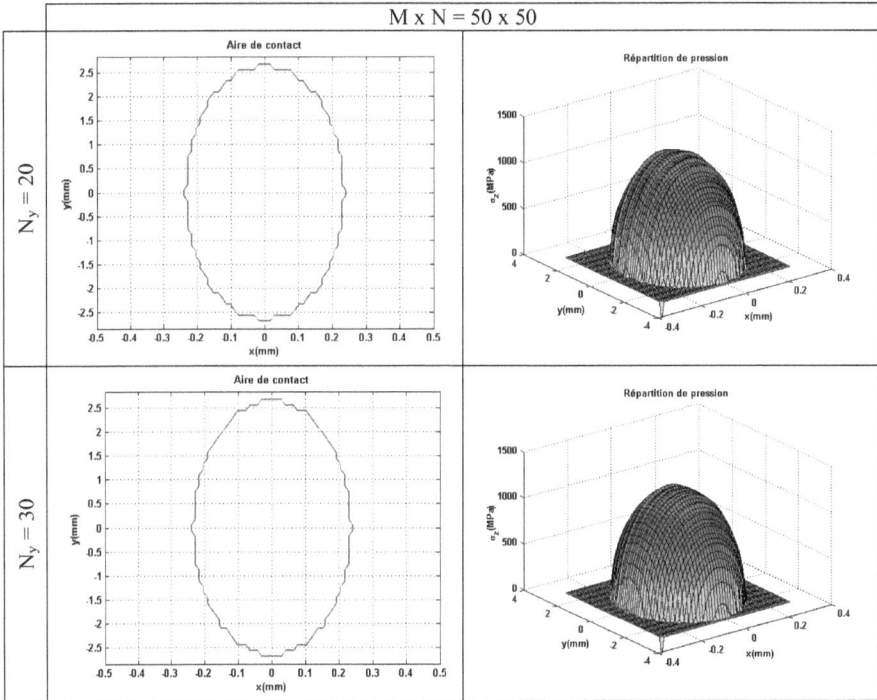

Figure 2.3. Influence de la discrétisation du profil sur l'aire de contact et la répartition de pression

On peut constater l'aspect lisse au niveau de la zone de contact et de la répartition de pression lorsque les paramètres N_y devient important.

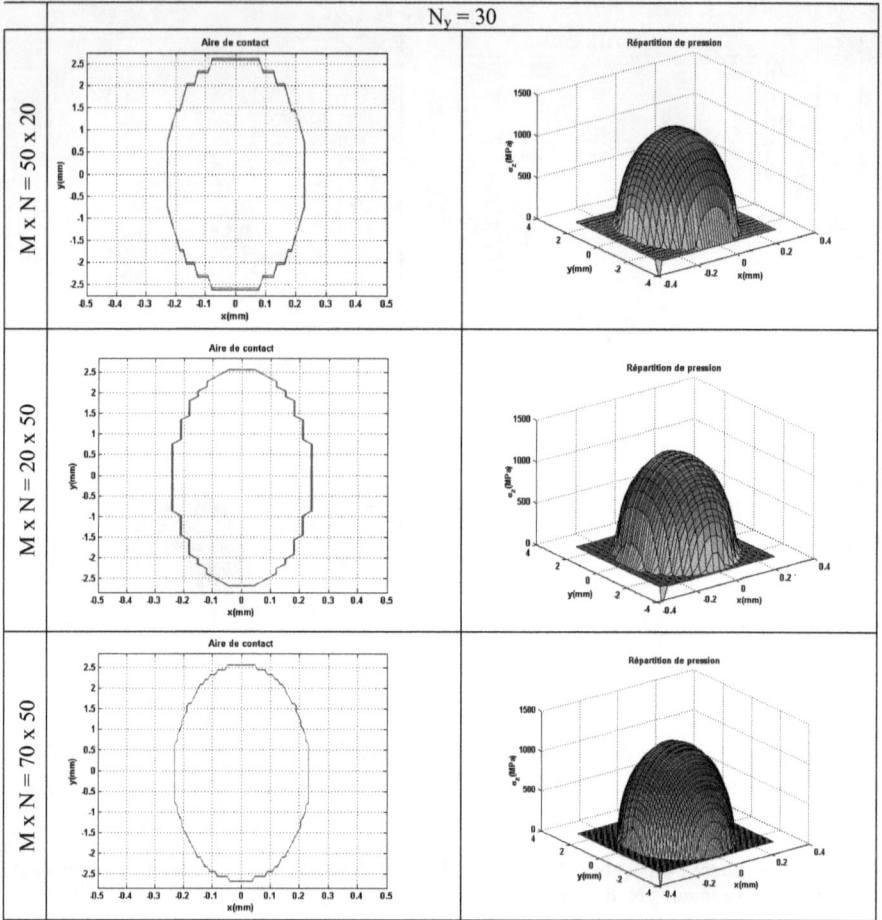

Figure 2.4. Influence du découpage sur l'aire de contact et la répartition de pression

Notons qu'avec un découpage 20 x 50 la géométrie de la zone de contact n'est pas très précise et la répartition de pression n'est pas aussi lisse que lorsqu'on permute les découpages suivant x et y. Ainsi le découpage suivant x a plus d'influence sur la qualité des résultats que le découpage suivant y.

L'aire de contact et la distribution de pression sont maintenant connues et nous pouvons donc accéder à la résolution du problème tangent. Dans la figure ci-dessous, nous présentons les résultats de la résolution du problème tangent par l'approche exacte pour un découpage M x N = 50 x 50 et une discrétisation $N_y = 30$.

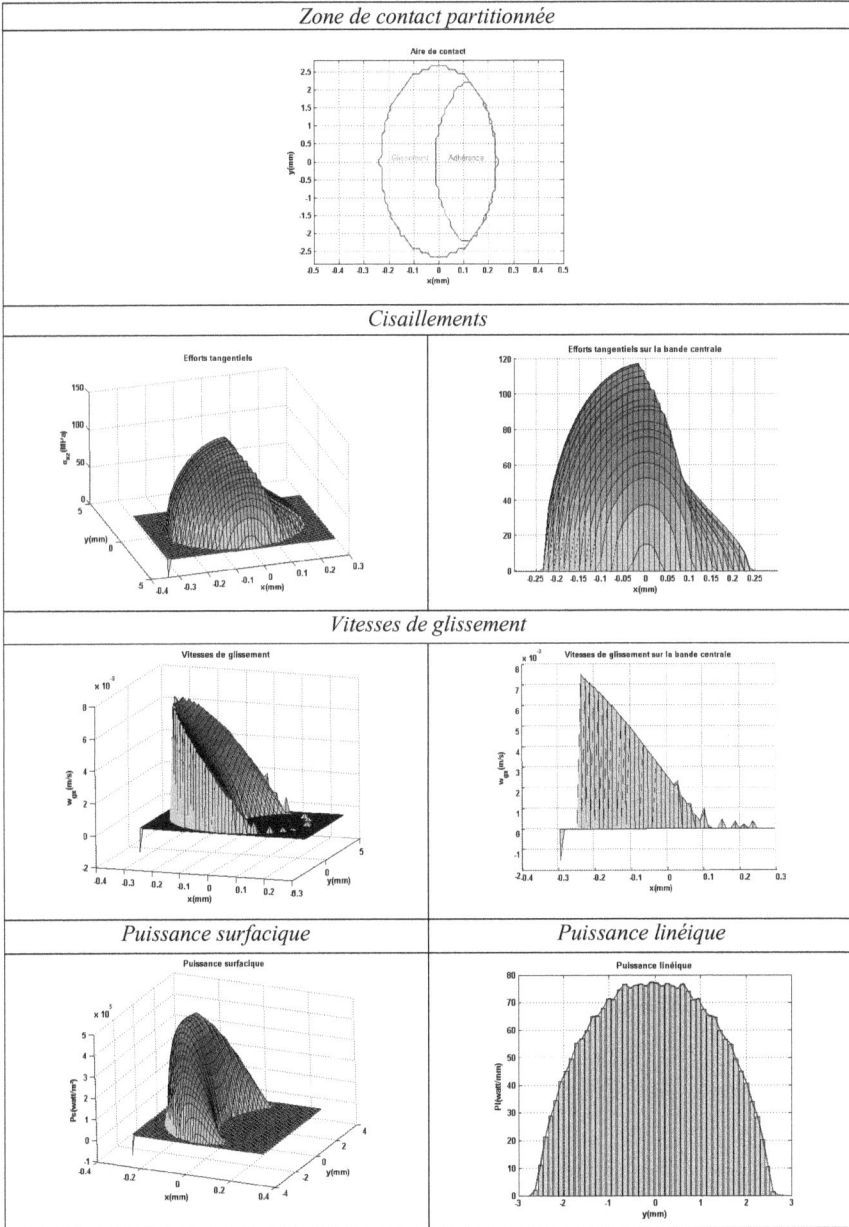

Figure 2.5. Résultats du problème tangent par CONTACT

Notons d'abord que les résultats du problème normal restent inchangés puisque les corps en contact sont quasi identiques et que les problèmes normal et tangent sont en conséquence découplés.

La partition de l'ellipse de contact montre que celle-ci est formée d'une zone d'adhérence située à l'avant de contact et d'une zone de glissement à l'arrière. Dans la première zone, les efforts tangentiels ont une allure quasi linéaire et les vitesses de glissement sont nulles. Quand les cisaillements saturent suivant la loi de frottement, ceux-ci épousent la forme de la répartition de pression et les vitesses de glissement s'accroissent linéairement jusqu'à un maximum fini. La puissance surfacique dissipée par contact est alors finie et s'obtient en faisant le produit sur chaque élément de surface de la zone de contact de l'effort tangentiel par la vitesse de glissement. En intégrant la puissance surfacique sur une bande y_i, nous obtenons la puissance linéique :

$$P_l = \int_{-a_i}^{a_i} (\tau_{xz} w_{gx} + \tau_{yz} w_{gy}) dx = \int_{-a_i}^{a_i} P_s dx \qquad (2.1)$$

Nous pouvons également définir la puissance par bande comme suit :

$$P_{bd} = \Delta y \int_{-a_i}^{a_i} (\tau_{xz} w_{gx} + \tau_{yz} w_{gy}) dx = \Delta y P_l \qquad (2.2)$$

où Δy est la largeur d'une bande de la zone de contact.

Dans notre cas où l'on considère un pseudoglissement seul non nul, les cisaillements et les vitesses de glissement suivant y sont nuls.

La puissance totale dissipée à l'interface s'obtient par sommation sur toutes les bandes de la zone de contact des puissances dissipées par bande.

$$P_t = \sum_{bandes} P_{bd} \qquad (2.3)$$

Dans notre exemple, la puissance dissipée totale vaut 0,295 watt.

Le temps de calcul mis par CONTACT avec les discrétisations adoptées ci dessus est de 51 minutes, si l'on adopte des discrétisations plus fines pour avoir plus de précision sur les résultats obtenus, le coût numérique par cas sera encore plus élevé. Cela explique la nécessité d'avoir recours à des modèles simplifiés et rapides pour la résolution des problèmes complets de contact roulant.

2.1.3   Résultats de l'approche simplifiée Fastsim, comparaison avec CONTACT

Les équations de Fastsim dans le cas d'un contact entre deux solides quasi identiques en roulement stationnaire avec coexistence des pseudoglissements sont données par :

$$\begin{cases} \dfrac{w_{gx}}{VL} = \dfrac{v_x}{L_1} - \dfrac{\phi y}{L_3} - \dfrac{\partial \tau_{xz}}{\partial x} \\[3mm] \dfrac{w_{gy}}{VL} = \dfrac{v_y}{L_2} + \dfrac{\phi x}{L_3} - \dfrac{\partial \tau_{yz}}{\partial x} \end{cases} \qquad (2.4)$$

Lorsque le contact se fait sans spin, nous pouvons établir la solution analytique de l'approche simplifiée Fastsim. En effet, en conservant le même raisonnement qui consiste à supposer l'adhérence sur le bord d'attaque, les vitesses de glissement sont nulles et les cissions sont complètement déterminées dans la zone d'adhérence :

$$\begin{cases} \tau_{xz} = L_1 v_x (x - a_i) \\ \tau_{yz} = L_2 v_y (x - a_i) \end{cases}$$ (2.5)

Ces expressions restent valables tant que :

$$\tau = \sqrt{(\tau_{xz}^2 + \tau_{yz}^2)} < \mu p$$ (2.6)

Si en plus le pseudoglissement transversal est nul, les cisaillements suivant y sont nuls et le module tangent τ devient égal, au signe près, au cisaillement suivant x.

Dans ce qui suit, nous envisagerons deux variantes de répartition de pression : elliptique et parabolique dans le cas où seul le terme v_x est non nul.

2.1.3.1 Cas d'une répartition elliptique de pression

Conformément à la théorie de Hertz, la répartition de pression a la forme suivante :

$$p(x, y) = P_0 \sqrt{1 - \left(\frac{x}{a}\right)^2 - \left(\frac{y}{b}\right)^2}$$ (2.7)

Où P_0 est la pression maximale au centre de l'ellipse. La condition sur la résultante de la pression permet de déterminer P_0 :

$$\iint\limits_{ellipse} p(x, y) dS = F \Rightarrow P_0 = \frac{3F}{2\pi ab}$$ (2.8)

Lorsque le contact est collant, les vitesses de glissement sont nulles et les cisaillements suivant x sont donnés par la première équation du système (2.5).

Considérons une bande de l'ellipse située en y_i d'extrémités a_i et $-a_i$. La saturation apparaît lorsque $x = x_s$:

$$x_s = Ka_i \qquad K = \frac{9G^2 C_{11}^2 v_x^2 - 64\mu^2 P_0^2}{9G^2 C_{11}^2 v_x^2 + 64\mu^2 P_0^2}$$ (2.9)

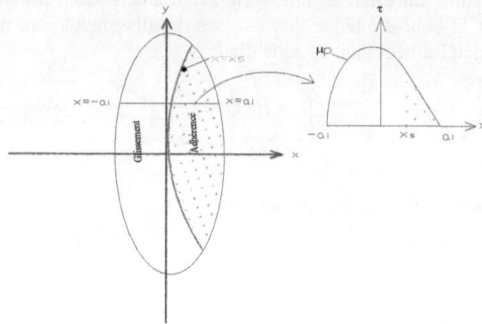

Figure 2.6. Seuil de saturation

Dans ce cas, la contrainte tangentielle τ_{xz} et la vitesse de glissement w_{gx} sont données par :

$$\begin{cases} |\tau_{xz}| = \mu P_0 \sqrt{\dfrac{a_i^2 - x^2}{a^2}} \\[3mm] w_{gx} = V\left(v_x - \dfrac{8\mu P_0}{3C_{11}G} \dfrac{x}{\sqrt{a_i^2 - x^2}} \right) \end{cases} \qquad (2.10)$$

Nous pouvons constater d'après l'expression de la vitesse de glissement que celle-ci tend vers l'infini lorsqu'on se rapproche du bord de fuite caractérisé par $x = -a_i$. L'intégration du produit de cette quantité par les cisaillements le long de chaque bande donne la puissance linéique :

$$P_l = -\frac{\mu P_0 V}{2a}\left\{ v_x^2 a_i^2\left(\frac{\pi}{2} + \theta_s - \frac{\sin 2\theta_s}{2} \right) - \frac{8\mu P_0}{3C_{11}G}\left(K^2 - 1\right) \right\} \qquad ; \quad \theta_s = \arcsin(K) \qquad (2.11)$$

La tendance asymptotique à l'infini de la vitesse de glissement n'influence pas la puissance linéique qui reste finie. Pour contourner l'aspect non physique de la vitesse de glissement, Kalker préconise une répartition parabolique de pression pour résoudre le problème tangent du contact roulant.

2.1.3.2 Cas alternatif d'une répartition de pression parabolique

Dans le cas d'une distribution parabolique, la pression s'écrit sous la forme :

$$p(x,y) = P_0\left(1 - \frac{x^2}{a^2} - \frac{y^2}{b^2}\right) \text{ avec } P_0 = \frac{2F}{\pi ab} \tag{2.12}$$

En suivant le même raisonnement que précédemment, le seuil de saturation est donné par l'équation :

$$K = \frac{3GC_{11}v_x a}{8\mu P_0} \tag{2.13}$$

Les cisaillements saturés et les vitesses de glissement sont donnés par :

$$\begin{cases} |\tau_{xz}| = \mu P_0\left(\dfrac{a_i^2 - x^2}{a^2}\right) \\ w_{gx} = V\left(v_x - \dfrac{16\mu P_0}{3C_{11}G}\dfrac{x}{a}\right) \end{cases} \tag{2.14}$$

2.1.3.3 Comparaison avec CONTACT

Dans le cas hertzien du contact roulant galet/rondin, les résultats du problème normal sont donnés par la théorie de Hertz. L'algorithme Fastsim est utilisé pour la résolution du problème tangent. Pour ce faire, on découpe l'aire de contact en des bandes parallèles à x et on commence le processus de résolution à partir du bord d'attaque x = a_i. Nous calculons de proche en proche les cisaillements en vérifiant la condition de saturation. Les résultats numériques sont d'autant plus précis que le découpage est fin.

Dans notre cas (seul v_x est non nul), la solution analytique existe et la résolution du problème est immédiate. Dans la figure ci-dessous, nous récapitulons les différents résultats de la résolution avec les deux cas de répartitions de pression.

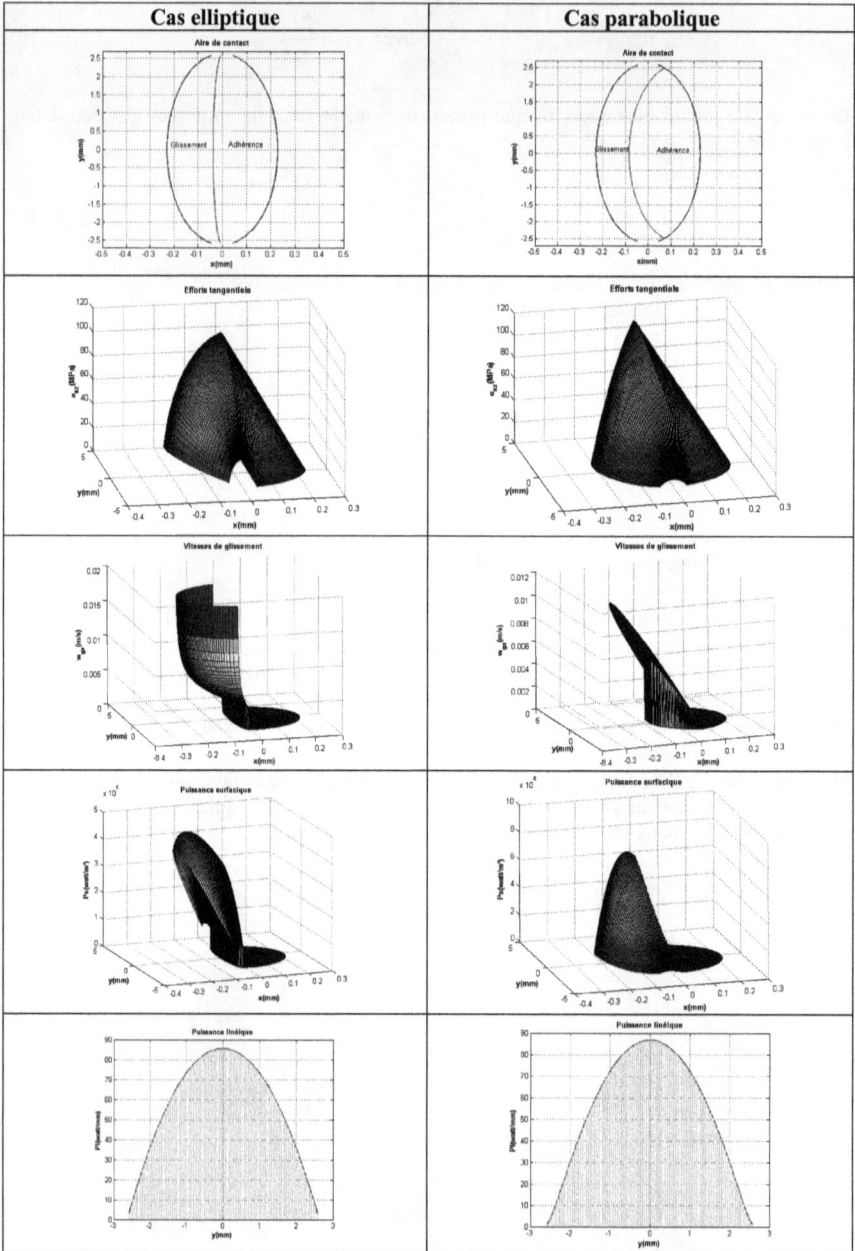

Figure 2.7. Résultats de l'approche simplifiée Fastsim dans le cas du roulement stationnaire

Dans le cas elliptique, la zone d'adhérence est limitée par une valeur x_S proportionnelle à la demi largeur a_i de la bande y_i considérée. En revanche, dans le cas de la répartition parabolique nous constatons que certaines bandes de l'ellipse sont totalement glissantes. Ces bandes qui se situent à proximité des bords de l'ellipse ne présentent nulle part de zone collante, ce qui est en contradiction avec l'hypothèse d'un contact collant sur le bord d'attaque. Par ailleurs, bien que la répartition parabolique donne une meilleure allure de saturation, le cas elliptique fournit des zones de saturation (S) et d'adhérence (A) d'aires plus voisines de l'approche exacte *[CHE 06]*.

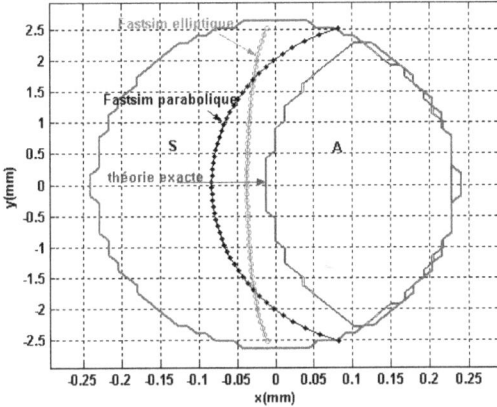

Figure 2.8. Comparaison des seuils de saturation par Fastsim (elliptique/parabolique) et l'approche exacte.

Au niveau des cisaillements, les deux répartitions de pression présentent une allure linéaire dans la zone d'adhérence et leurs maximums sont très voisins. Dans la zone de glissement, l'allure des cisaillements par Fastsim avec une répartition elliptique de pression est identique à celle donnée par la méthode exacte qui considère une pression ellipsoïdale sur la zone de contact ce qui milite à priori pour le choix d'une répartition hertzienne de pression. Néanmoins, la vitesse de glissement correspondante présente une tendance asymptotique vers l'infini au voisinage du bord de fuite contrairement à la vitesse finie trouvée par CONTACT et Fastsim en parabolique. Cet aspect non physique de la vitesse de glissement n'influence pas la puissance surfacique dissipée qui reste non seulement finie mais aussi de même ordre de grandeur que la puissance donnée par la théorie exacte. De même, nous pouvons constater les allures similaires de la puissance linéique par les trois approches.

	$Max(\tau_x)$	$Max(Ps)$	$Max(P_l)$	Pt
Erreur CONTACT/Fastsim (elliptique)	0.2 %	1.2 %	10 %	1.3 %
Erreur CONTACT/Fastsim (parabolique)	17 %	68 %	12 %	2.7 %

Tableau 2.3. Calcul des erreurs

Le tableau ci-dessus montre que les erreurs enregistrées par l'approche simplifiée avec une répartition parabolique sont plus importantes que celles obtenues avec le cas de chargement elliptique ce qui nous laisse privilégier le choix de ce type de répartition dans le suite de notre étude.

Mais Fastsim reste un outil réservé aux corps hertziens présentant des courbures constantes au voisinage de contact. Dans le cas contraire, l'aire de contact et la répartition de pression qui sont les données de Fastsim ne peuvent plus être données par la théorie de Hertz. Il faut donc disposer d'une méthode de calcul de ces quantités dans le cas non hertzien.

2.2 Extension au cas non hertzien

Lorsque les courbures des solides au voisinage du contact ne sont pas constantes, la détermination de la zone de contact et de la répartition de pression par la théorie de Hertz n'est pas possible. Par ailleurs, si on suppose que l'aire de contact et la pression sont trouvées par un calcul exact (avec le coût numérique important que cela peut avoir), la résolution du problème tangent par l'approche simplifiée Fastsim qui est un outil limité aux corps hertziens n'est pas accessible. Il est donc nécessaire de mettre en œuvre une méthode rapide et efficace pour déterminer l'empreinte de contact et la distribution de pression dans le cas non hertzien.

Des travaux antérieurs de Kik et Piotrowski *[KIK 96]* ont inspiré plusieurs auteurs comme Telliskivi *[TEL 04]*, *[POD 97]* et plus tard *[AYA 05]* qui ont donné naissance à l'approche dite semi hertzienne pour la résolution du problème normal du contact non hertzien. L'idée de cette approche est basée sur l'interpénétration virtuelle des solides en contact sans déformation. Dans ce qui suit, nous présentons la démarche de résolution de cette méthode et nous l'illustrons sur quelques exemples critiques de contact.

2.2.1 Approche semi hertzienne

Considérons deux corps hertziens en contact de géométries définies par des paraboloïdes. Pour estimer la zone de contact, on réalise une intersection géométrique des solides en contact en effectuant un déplacement h_0 normal au plan tangent (x,y).

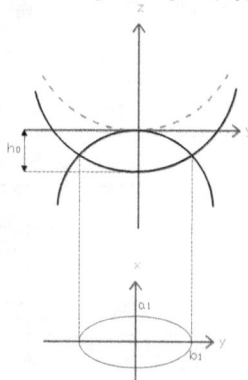

Figure 2.9. Interpénétration des solides en contact

La zone de contact limitée par cette intersection est elliptique de semis axes a_1 et b_1 et d'équation :

$$\begin{cases} a_1 = \sqrt{\dfrac{h_0}{A}} \\ b_1 = \sqrt{\dfrac{h_0}{B}} \end{cases} \qquad (2.15)$$

Où A et B sont les courbures des corps en contact.
L'élancement k_1 de cette ellipse est différent de celui de l'ellipse de Hertz comme on ne tient pas compte de la déformation.

$$k_1 = \frac{b_1}{a_1} = \sqrt{\frac{A}{B}} = \sqrt{\lambda} \neq k = \frac{b}{a} = \beta \lambda^{\gamma} \qquad (2.16)$$

avec β et γ des coefficients d'interpolation valant respectivement 1,1589 et 0,5991.

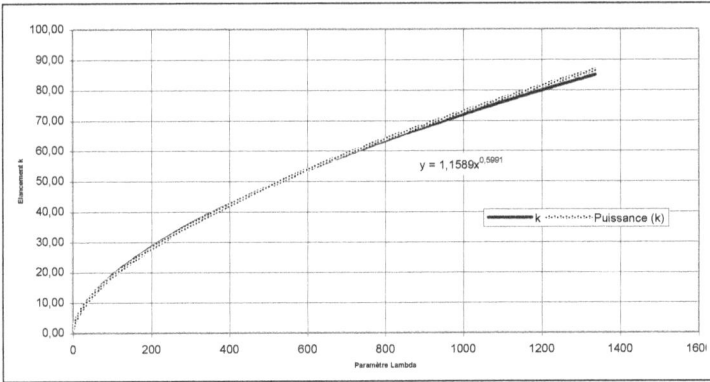

Figure 2.10. Interpolation de l'élancement hertzien en fonction du rapport des courbures.

On propose donc de mettre en place une compensation de la courbure initiale A de telle sorte que l'ellipse de Hertz et l'ellipse virtuelle aient le même élancement.

$$A_c = k^2 B \qquad (2.17)$$

Cela n'induit pas forcément la superposition des deux ellipses et il faut imposer l'indentation h_0 de telle sorte que les deux ellipses coïncident.

$$h_0 = \frac{n^2}{r} \frac{\delta}{1 + \lambda} \qquad (2.18)$$

En effet, les deux dernières relations du système (1.17) permettent de déduire l'égalité suivante :

$$b^2 = \frac{n^2}{r} \frac{\delta}{(A+B)}$$

Pour avoir coïncidence des deux ellipses, il faut que les semis axes b_1 et b soit égaux, ce qui revient à poser :

$$h_0 = Bb_1^2 = Bb^2 = \frac{n^2}{r} \frac{\delta}{1+\lambda}$$

Par la suite, on peut calculer les dimensions de l'ellipse réelle en fonction de h_0 comme suit :

$$a = \sqrt{\frac{h_0}{A_c}} \tag{2.19}$$

Dans le cas non hertzien, les deux corps sont de profils variables et la zone de contact est de forme quelconque. En conséquence, la notion d'élancement n'est plus significative pour pouvoir faire la correction. En revanche en discrétisant finement l'aire de contact obtenue par interpénétration, nous constatons que sur chaque bande les courbures sont constantes ce qui nous permet d'appliquer localement la théorie de Hertz. Ainsi, le principe de correction doit se faire bande par bande.

Sur chaque bande y_i, nous considérons une répartition elliptique de pression de la forme :

$$P(x, y_i) = \frac{3F}{2\pi ab} \sqrt{1 - \left(\frac{x}{a}\right)^2 - \left(\frac{y_i}{b}\right)^2} \tag{2.20}$$

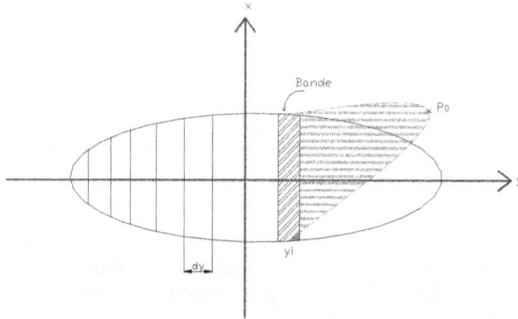

Figure 2.11. Répartition de pression par bande.

A la bande y_i, nous associons l'abscisse a_i. Le point de coordonnées (a_i, y_i) vérifie l'équation de l'ellipse et permet donc de déduire la relation suivante :

$$\frac{a_i}{a} = \sqrt{1 - \left(\frac{y_i}{b}\right)^2} \qquad (2.21)$$

Par ailleurs, en utilisant la deuxième équation de Hertz du système (1.17), nous pouvons déduire la relation :

$$F = \frac{2E}{3(1-\upsilon^2)}.(\frac{b}{n})^3 (A+B)$$

En posant $h_0 = Bb^2$ et en l'exploitant dans la relation précédente, on peut exprimer l'effort linéique comme suit :

$$\frac{F}{2b} = \frac{E}{3(1-\upsilon^2)}.\frac{1+\lambda}{n^3} h_0 = K_m h_0 \qquad (2.22)$$

où K_m est la rigidité moyenne du contact.

La démarche de résolution du problème normal de contact dans le cas non hertzien se résume dans les étapes suivantes :

- On choisit une interpénétration h_0 et on délimite la largeur de la zone intersection entre les deux profils non déformés.
- La zone d'intersection obtenue est ensuite découpée en des bandes parallèles suivant y de largeur dy.

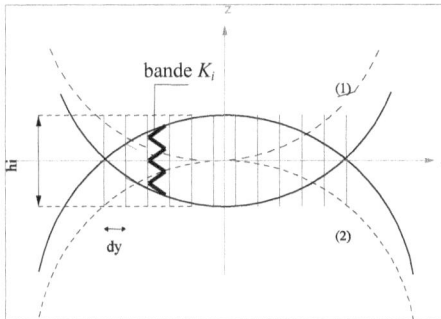

Figure 2.12. Découpage par bande

- Les courbures locales A_i et B_i sont calculées pour chaque bande ainsi que les élancements k_i et on corrige localement les courbures A_i :

$$A_{c_i} = k_i^2 B_i \qquad (2.23)$$

- La géométrie locale a_i de la zone de contact peut donc être calculée en fonction du rapprochement h_i et de la courbure locale corrigée :

$$a_i = \sqrt{\frac{h_i}{A_c}} \qquad \text{avec} \qquad h_i = h_0 - z \tag{2.24}$$

Les équations (2.19) et (2.24) permettent d'établir la relation suivante :

$$\left(\frac{a_i}{a}\right)^2 = \frac{h_i}{h_0} \tag{2.25}$$

- On peut ainsi exprimer la répartition de pression sur une bande y_i comme suit :

$$p(x, y_i) = \frac{Eh_i}{\pi a_i (1 - \upsilon^2)} \cdot \frac{1 + \lambda_i}{n_i^3} \sqrt{1 - (\frac{x}{a_i})^2} \tag{2.26}$$

- En intégrant l'équation (2.26) entre $-a_i$ et a_i, nous définissons la rigidité de la bande.

$$K_i = \frac{E}{2(1 - \upsilon^2)} \cdot \frac{1 + \lambda_i}{n_i^3} .dy \tag{2.27}$$

- On peut donc calculer la contribution en effort d'une bande ou encore l'effort par bande.

$$\Delta N_i = K_i.h_i \tag{2.28}$$

- Enfin, pour vérifier si l'indentation h_0 choisie au départ est bonne ou pas il faut que la somme de toutes les contributions locales en effort donne l'effort normal de contact F, ce qui se traduit par le critère suivant.

$$h_0^* = h_0 \qquad ssi \qquad \sum_i \Delta N_i = F \tag{2.29}$$

où h_0^* est l'interpénétration recherchée. Si le critère n'est pas vérifié il faut itérer sur la valeur de h_0 en l'augmentant ou en la diminuant jusqu'à converger vers h_0^*.

2.2.2 Validation dans un cas hertzien

Reprenons le cas classique du contact galet/rondin. La pertinence de la méthode est tout d'abord testée sur un cas hertzien. L'approche semi hertzienne doit permettre de retrouver la zone elliptique de contact avec les bonnes dimensions.
Sur la figure ci contre, on montre les zones de contact et les efforts par bande obtenus par un calcul semi hertzien et par la théorie de Hertz.

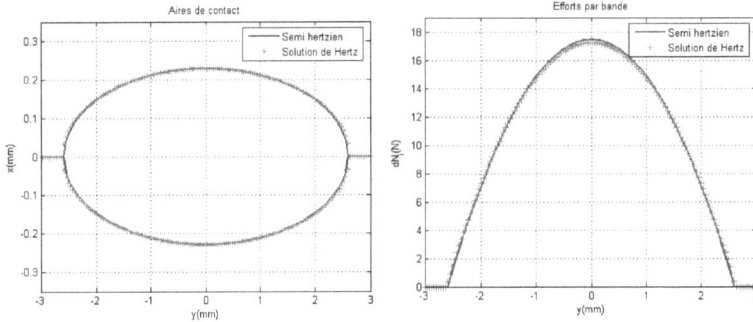

Figure 2.13. Comparaison entre l'approche semi hertzienne et la solution de Hertz

La figure 2.10 montre la superposition de l'aire de contact trouvée par la méthode semi hertzienne avec celle obtenue par la solution analytique de Hertz. Il en est de même pour les efforts par bande. La validation de cette approche est donc assurée dans un cas hertzien et nous allons ensuite la tester sur un cas de contact non hertzien caractérisé par une géométrie sévère du galet.

2.2.3 Illustration sur le cas du « galet en biais »

On considère le cas d'un contact normal entre un galet et un rondin. Les caractéristiques géométriques du rondin sont les mêmes qu'au chapitre précédent. Les données élastiques et mécaniques sont aussi conservées. On suppose dans cet exemple que le galet présente un profil variable suivant y comme le montre la figure ci dessous. Son rayon dans le plan (xoz) reste inchangé.

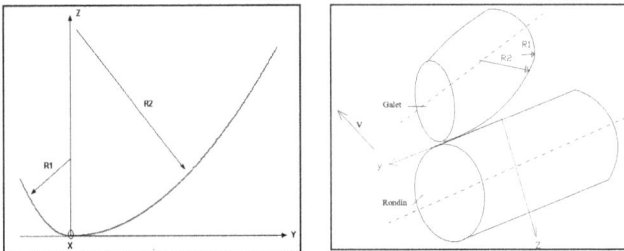

Figure 2.14. Profil du galet

On peut remarquer l'aspect non symétrique au niveau du profil de galet. Au voisinage du point de contact, il y a raccordement entre deux courbures différentes R_1 et R_2, R_1 est très inférieur devant R_2 ($R_2 = 500$ mm). Face à ce cas sévère en non hertzien, l'approche simplifiée semi hertzienne est utilisée.

Dans ce qui suit, nous présentons les résultats de ce problème par l'approche exacte CONTACT qui serviront de base pour conclure sur la pertinence du modèle semi hertzien. la discrétisation adoptée dans ce calcul est Ny = 100 points, ce qui correspond à dy = 0,035 mm.

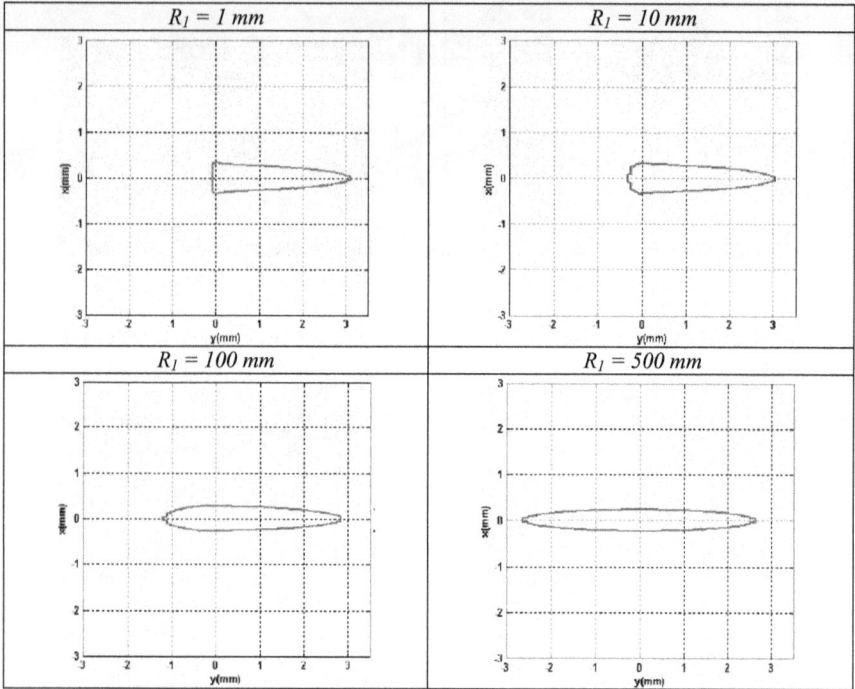

Figure 2.15. Aires de contact par l'approche exacte pour des rayons de raccordement R_1 variables

Lorsque le rayon de raccordement R_1 est différent de R_2, la zone de contact n'est pas elliptique, en revanche lorsque R_1 devient égal à R_2 on retrouve l'ellipse de Hertz avec ses bonnes dimensions. On peut aussi constater que pour des rayons de raccordement assez faibles (1 mm, 10 mm) la zone de contact est élancé suivant x à gauche du point de contact puisque le rayon du galet dans le plan (xoz) est supérieur à R_1. Cet élancement change de direction à droite du point de contact où le rayon R_2 est supérieur à R_{xg}.

Les résultats de l'approche semi hertzienne sont donnés ci contre :

$R_1 = 1\ mm$	$R_1 = 10\ mm$
$R_1 = 100\ mm$	$R_1 = 500\ mm$

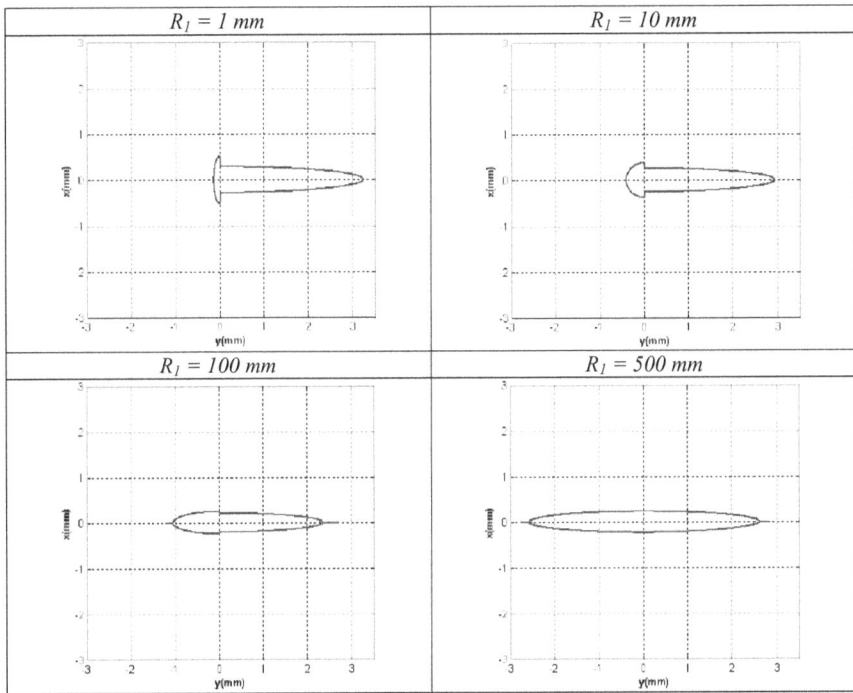

Figure 2.16. Aires de contact par l'approche semi hertzienne pour des rayons de raccordement R_1 variables

A première vue, les dimensions et les allures des aires de contact trouvées par l'approche simplifiée sont voisines de celles données par un calcul exact. Cependant, nous constatons la présence des pics au moment du changement de courbure qui sont de plus en plus aigus que la discontinuité de la courbure du galet est forte. Ces discontinuités sont à l'origine de la façon dont on détermine la géométrie locale de la zone de contact. En effet, l'équation (2.24) montre que pour une bande y_i, le a_i correspondant est calculé simplement à partir des données locales à cette bande (h_i et A_{ci}), tout se passe indépendamment des caractéristiques des bandes voisines. Cette démarche de résolution est donc basée sur un découplage entre les bandes, c'est pourquoi on propose de propager (ou encore diffuser) l'information entre les différentes bandes par le biais de la méthode des éléments diffus.

2.2.4 Principe de la méthode des éléments diffus

La méthode des éléments diffus connue aussi sous le nom d' « approximation diffuse » est une technique qui permet la reconstitution d'une fonction à partir d'un nuage de points connu *[NAY 91]*. Elle permet ainsi de discrétiser les problèmes de milieux continus en éliminant l'opération de maillage. Elle a un effet de lissage sur la fonction et permet d'approximer ses K premières dérivées en un point donné.

Dans notre exemple, la courbure B(y) qui présente de fortes discontinuités sera diffusée selon le processus suivant :

On estime par une méthode de moindres carrée pondérés le développement de Taylor à l'ordre K, degré de l'estimation, de B en y sous la forme :

$$B(y) = \sum_{i=0,K} p_i^T(y).\alpha_i^*(y)$$
(2.30)

On choisit α^* de telle sorte que l'écart quadratique I_y soit minimal.

$$I_y(\alpha) = \sum_{j=1,N} w(y, y_j - y)[B(y_j) - p^T(y_j - y).\alpha(y)]^2$$
(2.31)

w est une fonction de pondération de type cloche maximale à l'origine puis décroît plus loin. Elle est a la forme d'une fenêtre gaussienne :

$$w(\tilde{y}) = \exp(-C\tilde{y}^2)$$
$$\tilde{y} = \frac{y}{L_y}$$
(2.32)

C est un coefficient positif qui influence la qualité de diffusion comme l'on constatera plus tard, $\tilde{y}$ est une longueur caractéristique adimensionnelle et L_y est la taille du domaine d'étude de y.

La minimisation de l'écart I_y conduit à un système linéaire d'équations :

$$A_1(y)\alpha^* = b_1(y)$$
$$\begin{cases} A_1(y) = \sum w(y, y_j - y)p(y_j - y)p^T(y_j - y) \\ b_1(y) = \sum w(y, y_j - y)B(y_j)p(y_j - y) \end{cases}$$
(2.33)

La résolution de ce système permet d'estimer la courbure B et ses K premiers gradients grâce à la fonction α^*.

$$B(y) = \alpha_0^*(y)$$
$$D^i(B(y)) = i!\alpha_i^*(y) \qquad 1 \le i \le K$$
(2.34)

Dans la suite, nous allons adapter cette méthode de diffusion à l'exemple du « galet en biais ».

2.2.5 Approche semi hertzienne avec diffusion : SHAD

En introduisant de la diffusion dans l'approche semi hertzienne, un couplage entre les bandes se crée *[EDD 06]* et les profils des aires de contact deviennent plus proches des résultats de l'approche exacte comme le montre la figure 2.14. La longueur Ly considérés dans la diffusion correspond à la longueur potentielle estimée pour la zone de contact. Dans notre cas, L_y vaut 3,5 mm.

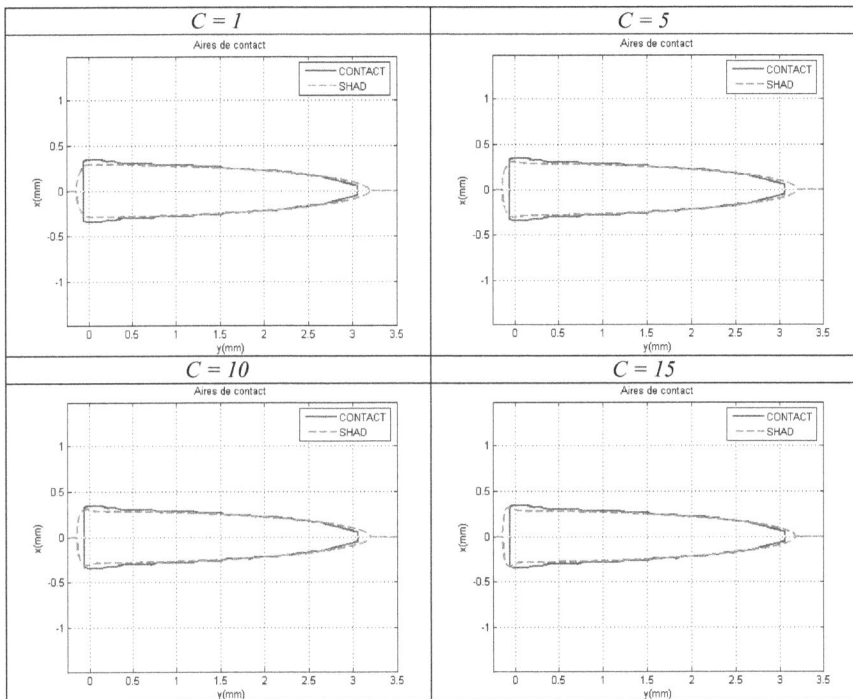

Figure 2.17. Comparaison des aires de contact données par SHAD et l'approche exacte

La figure ci-dessus montre que la solution du problème normal n'est pas unique et dépend du choix du coefficient de diffusion C. Pour connaître le coefficient de diffusion optimal parmi tous les coefficients solutions potentielles, une démarche d'optimisation sous contrainte est adaptée. Elle consiste à calculer pour chaque valeur de C choisie la somme des erreurs par bande définie comme suit :

$$Erreur\,(C) = \frac{\sum\limits_{bandes}|dS - ds|}{S} \qquad (2.35)$$

avec :

- dS : aire d'une bande appartenant à la zone de contact trouvée par l'approche exacte.
- ds : aire d'une bande appartenant à la zone de contact trouvée par SHAD.
- S : aire totale de la zone de contact trouvée par l'approche exacte.

Avec le calcul d'erreur, le coefficient de diffusion C* optimal est celui qui correspond au minimum d'erreur. Cela se traduit par le critère d'optimalité suivant :

$$C = C^* \quad \textit{si et seulement si} \quad \text{Erreur}(C^*) = \min(\text{Erreur}(C)) \tag{2.36}$$

Dans le cas extrême du « galet en biais » correspondant à un rayon de raccordement $R_1 = 1$mm, soit un ratio $R_1/R_2 = 0.002$, la diffusion optimisée par SHAD donne un coefficient de diffusion C* égal à 3.5 avec une erreur de 7.5 %.

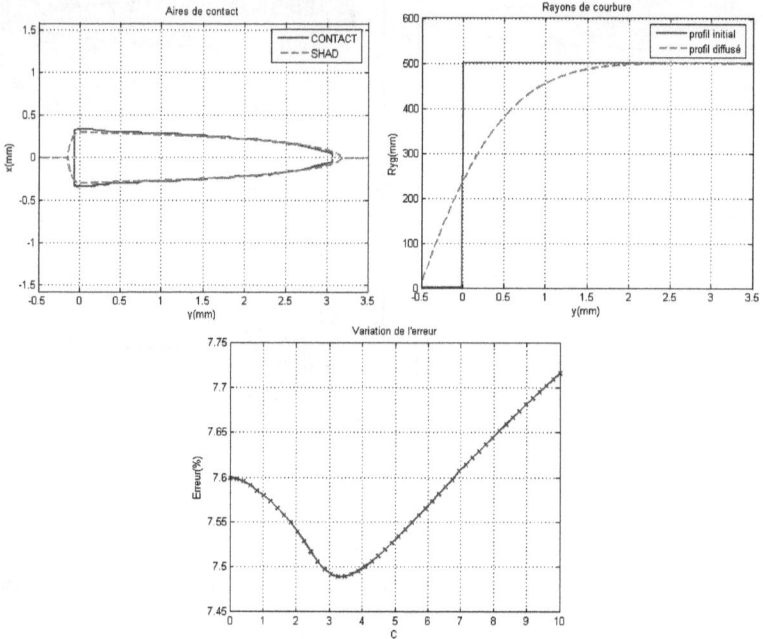

Figure 2.18. Résultats de SHAD

Sur le graphe ci-dessus, on montre l'allure de la zone de contact trouvée par l'approche simplifiée SHAD en superposition avec la solution exacte, le rayon de courbure du galet avant et après diffusion ainsi que la courbe décrivant la variation de l'erreur en fonction du coefficient de diffusion C. On remarque bien que la courbe est convexe et que le minimum d'erreur est franc.

De plus, nous pouvons remarquer que l'erreur varie peu en fonction de C (entre 7,49 % et 7,72 %). Des calculs sont aussi effectués dans les autres cas moins sévères du rayon de raccordement. Les résultats montrent une très bonne concordance avec la méthode exacte (voir figure 2.16).

$R_1 = 10\ mm,\ C^* = 5$	$R_1 = 50\ mm,\ C^* = 4$
$R_1 = 100\ mm,\ C^* = 0$	$R_1 = 500\ mm,\ C^* = 0$

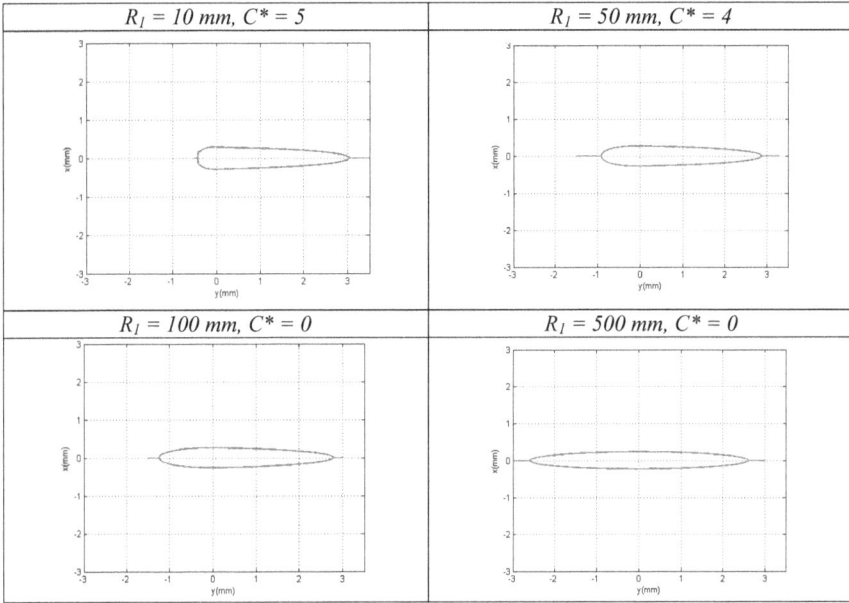

Figure 2.19. Aires de contact données par SHAD pour des rayons de courbures allant de 10 mm à 500 mm

Pour rendre l'approche plus générale, nous avons testé plusieurs cas du ratio R_1/R_2 en calculant le coefficient de diffusion optimal correspondant. Cela nous a permis à tracer la variation de ce coefficient en fonction de différents rayons de raccordement.

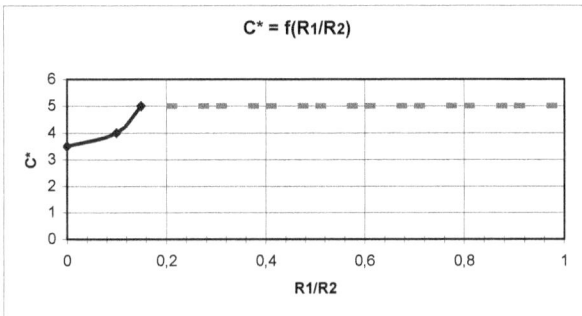

Figure 2.20. Variation du coefficient de diffusion pour des rayons de raccordement quelconques allant de 1 à 500 mm dans le cas où $R_2 = 500$ mm

Les résultats de la figure 2.17 montrent que lorsque le rayon de raccordement est très faible devant le rayon de bombé du galet, le coefficient de diffusion C* varie sur une petite plage [3,5 ;5]. Sur cette plage, l'erreur introduite varie très peu, ce qui rend acceptable le choix d'un seul coefficient moyen appartenant à cet intervalle. Cette conclusion reste valable dans la simulation de l'usure qui s'accompagne par de petites variations au niveau des rayons de raccordement du galet.

Dans le cas où le ratio R_1/R_2 tend vers 1, autrement dit lorsque le rayon de raccordement croit, toute valeur de C* convient. En effet, l'accroissement de R_1 entraîne une atténuation de la discontinuité de la courbure, en conséquence les zones de contact ne sont pas très affectées par cette légère discontinuité et elles sont naturellement « smooth ». L'opération de diffusion n'est pas donc nécessaire pour de forts rayons de raccordement puisque les profils initiaux coïncident avec leurs approximations diffuses. Ainsi, la valeur de C* n'influence pas le résultat.

On développe ainsi une méthode simplifiée qui permet, pour l'instant, de trouver la zone de contact entre deux solides de géométrie quelconques non seulement avec une bonne précision mais aussi en un laps de temps très court de l'ordre de quelques secondes. Une comparaison du temps CPU mis par l'approche exacte avec une faible discrétisation du profil du galet (30 points) et un découpage de l'aire de contact 50 x 50 montre que SHAD est au moins 100 fois plus rapide que la méthode exacte.

Dans le paragraphe suivant, nous allons prouver la pertinence de notre modèle SHAD en le testant sur des cas de contact plus sévères (conformité de contact, géométries critiques…)

2.2.6   Illustration sur des cas critiques

Dans cette partie, trois cas tests seront traités par SHAD. On considère dans tous les exemples que le contact se fait sur un plan. Les solides en contact sont en acier de caractéristiques élastiques suivantes :
E = 210 000 MPa, υ = 0.3.
Le galet en contact est de révolution de rayon R_{xg} = 500 mm dans le plan (xoz). Sa géométrie dans le plan (yoz) est différente selon les cas envisagés. Notons que jusqu'à présent, nous traitons des galets avec des courbures strictement positives. En pratique, lorsque le phénomène d'usure s'amorce, les galets s'usent et leurs courbures deviennent nulles. La condition de positivité de la courbure est nécessaire pour pouvoir appliquer la méthode semi hertzienne. En effet, si pour une bande donnée, la courbure B_i est négative ou nulle, la courbure corrigée A_{ci} en est de même (Eq. 2.23), ainsi l'équation (2.24) qui permet de trouver la géométrie locale de la zone de contact n'a plus de sens. Les exemples suivants suscitent cette réflexion car le galet en question présente sur une partie du voisinage du contact une courbure tantôt nulle, tantôt négative. Nous allons montrer que SHAD répond tout de même à ces exigences.

Les caractéristiques géométriques du galet dans les trois cas sont données dans la figure ci-dessous :

Cas 1 : « B positif au centre, nul autour »
Zone I : B = 0.5 m^{-1} Zone II : B = 0   A = 1 m^{-1}

Cas 2 : « Conformité »
Zone I : B = 0   Zone II : B = 0.375 m^{-1} A = 1 m^{-1}

Cas 3 : « Courbure négative »
Zone I : B = -0.25 m^{-1} Zone II : B = 0.375 m^{-1} A = 1 m^{-1}

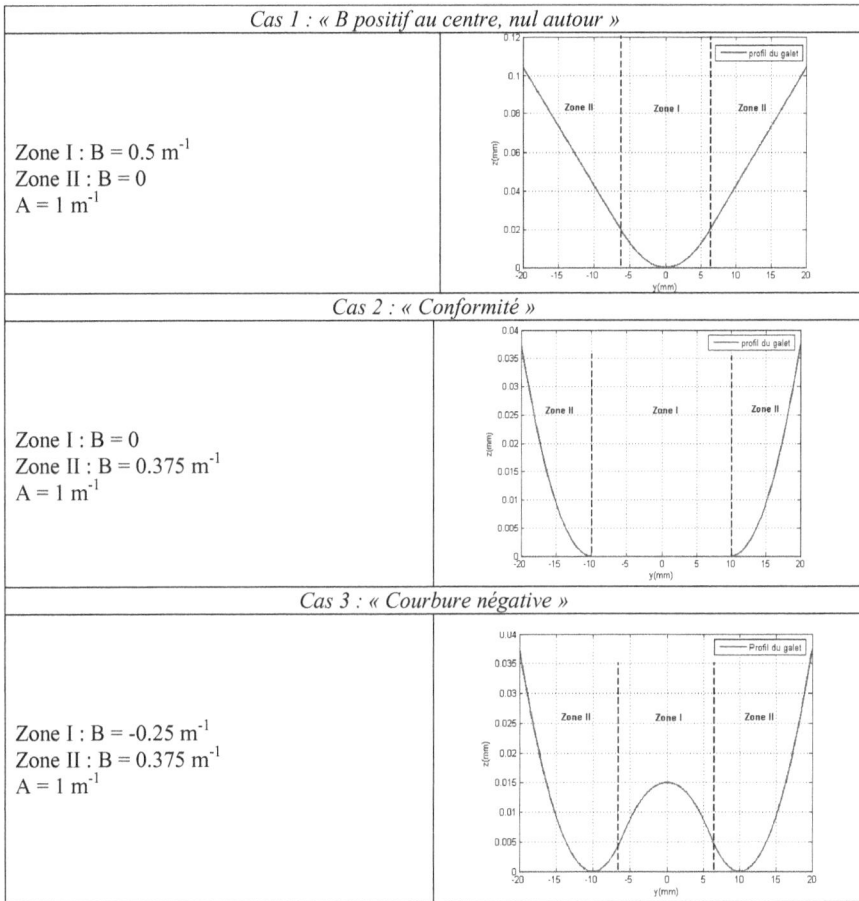

Figure 2.21. Description des cas tests

Dans les trois cas, le galet présente un profil symétrique d'axe de symétrie y = 0. On suppose que l'effort de contact est porté par cet axe. La géométrie du galet montre une discontinuité brusque de la courbure B, ce qui rend nécessaire le recours à SHAD pour la détermination de la zone de contact.

Ces cas critiques ont été également traités dans le cadre des travaux de recherche *[QUO 06, QUO 05]* dans lequel les auteurs présentent une confrontation des résultats par trois démarches de résolution différentes : l'approche simplifiée STRIPE qui n'est autre que le modèle semi hertzien, l'approche exacte CONTACT et le code d'éléments finis ABAQUS.

2.2.6.1 Cas test 1 « B positif au centre, nul autour »

Les résultats de la figure 2.19 montrent que pour de faibles chargements n'excédant pas 23 KN, les conditions d'application de la théorie de Hertz restent satisfaites. En effet, lorsque y est dans l'intervalle [-6, 6], la courbure du galet est constante et la solution analytique existe. Ainsi, avec un effort d'écrasement suffisamment faible pour que la largeur du contact ne dépasse pas la longueur de cet intervalle, l'aire de contact obtenue par la méthode semi hertzienne est elliptique et coïncide avec celle donnée par la solution de Hertz.

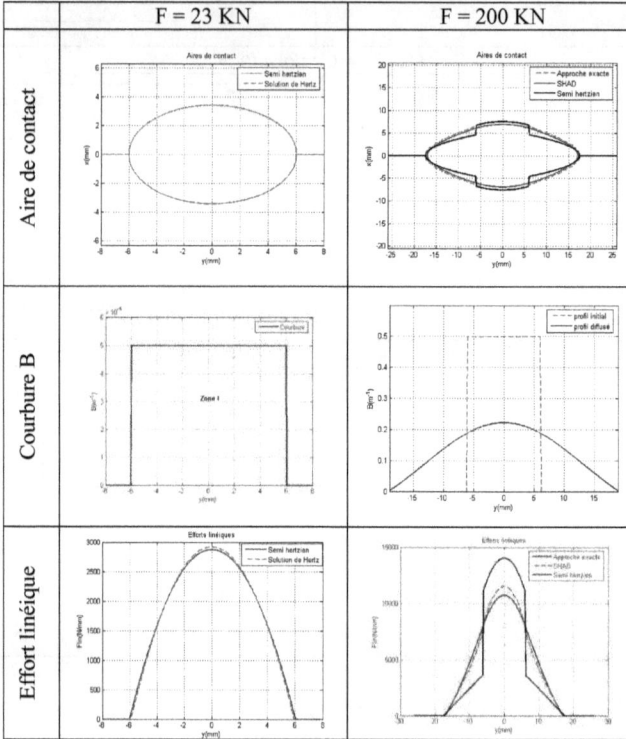

Figure 2.22. Résultats numériques pour le cas test 1 avec A = 1 m^{-1}

De même, l'effort linéique calculé sur une bande donnée par le modèle semi hertzien est de bonne approximation. Il est légèrement sous-estimé au centre par le calcul semi hertzien. Cet effort est défini comme suit :

$$F_{lin} = \int_{-a_i}^{a_i} p(x, y)dx \qquad (2.37)$$

Lorsque l'effort normal de contact devient très grand, le galet s'écrase plus sur l'éprouvette et l'aire de contact s'élargit en dépassant la zone I caractérisée par la courbure constante positive. C'est le cas des résultats de la colonne de droite correspondant à un chargement qui vaut 200 KN. La méthode semi hertzienne ne peut pas s'appliquer dans le cas où la courbure est nulle, c'est la raison pour laquelle, les valeurs nulles de B sont remises à presque zéro (0,01 m^{-1}), ce qui revient physiquement à introduire une légère convexité dans le profil du galet.

Un premier calcul semi hertzien donne une zone de contact discontinue aux endroits de changement de courbure y = ±6. Le recours à la diffusion s'avère donc indispensable. L'optimisation de la diffusion dans l'approche simplifiée SHAD a permis de retenir un coefficient de diffusion optimal C* = 3,5 avec une erreur de presque 7 % . La zone de contact obtenue n'est pas elliptique, elle est de forme quelconque et coïncide presque avec l'aire de contact donnée par un calcul exact.

Vue la sévérité de ce cas, l'erreur considérée dans les calculs est construite en rajoutant à l'erreur définie par l'équation (2.35) un terme supplémentaire tenant compte du chargement de telle sorte que l'aire de contact et la répartition de pression soient proches de la solution exacte donnée par « CONTACT ».

$$Erreur(C) = \text{Erreur1} + \text{Erreur2} = (\frac{\sum_{bandes}|dS - ds|}{S})_1 + (\frac{\sum_{bandes}|dN - dn|}{F})_2 \qquad (2.38)$$

dN et dn représentent les efforts par bande donnés respectivement par l'approche exacte et SHAD. N est la résultante des efforts par bandes dN.

Le problème de la courbure nulle est levé une fois le procédé de diffusion est mis en route et la courbure diffusée obtenue est toujours positive, ce qui rend légitime l'utilisation de l'équation (2.24).

L'effort linéique donnée par SHAD est lisse et est très proche de la solution exacte sur les bords de la zone de contact. Au centre, on peut constater que l'approche simplifiée surestime cet effort par rapport à la théorie exacte mais l'erreur 2 reste néanmoins acceptable (7,2 %).

Pour rendre l'approche plus générale, plusieurs calculs ont été réalisés avec SHAD en considérant différentes valeurs d'effort normal lorsque la demi courbure A est constante et vaut 1 m^{-1}.

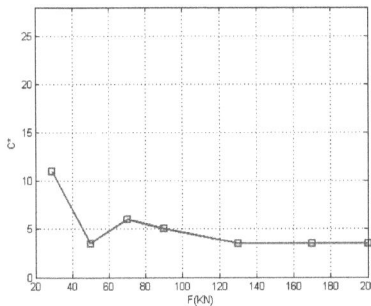

Figure 2.23. Variation de C* en fonction de l'effort normal

La figure ci dessus montre que le coefficient de diffusion optimal varie sur une petite plage [3,5 ; 6] lorsque l'effort normal de contact dépasse 40 KN. On peut aussi remarquer la présence d'un palier vers la fin de la courbe dans lequel C* reste inchangé. En considérant un coefficient de diffusion moyen lorsque F est dans l'intervalle [40 ; 200], on a pu montrer que l'erreur introduite ne dépasse pas 0,5 %.

Par ailleurs, nous avons envisagé les possibilités de variation de courbure pour un effort normal critique fixé (F = 200 KN).

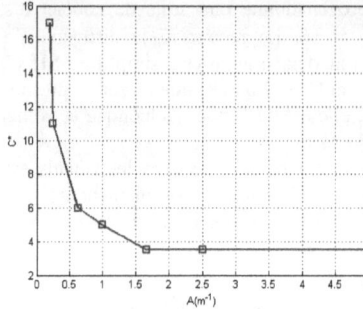

Figure 2.24. Variation de C* en fonction de la demi courbure A

La courbe de la figure ci dessus montre que pour des demis courbures supérieures à 1,5 m^{-1}, ce qui est équivalent à un rayon de galet plus grand que 3000 mm, le coefficient de diffusion optimal C* est constant. La variation reste faible lorsque A est dans [0,6 ; 1,5] et C* reste autour de 4. Par analogie à ce qui précède, on peut admettre une seule valeur moyenne de C* pour différentes valeurs de courbures de cet intervalle.

2.2.6.2 Cas test 2 « Conformité»

Dans cet exemple, le galet présente une courbure nulle à l'endroit de l'application de l'effort. A cela se rajoute la discontinuité du profil du galet lorsque $|y| > 10$. En choisissant F assez grand de telle sorte que ces deux problèmes coexistent, les résultats de SHAD sont les suivants :

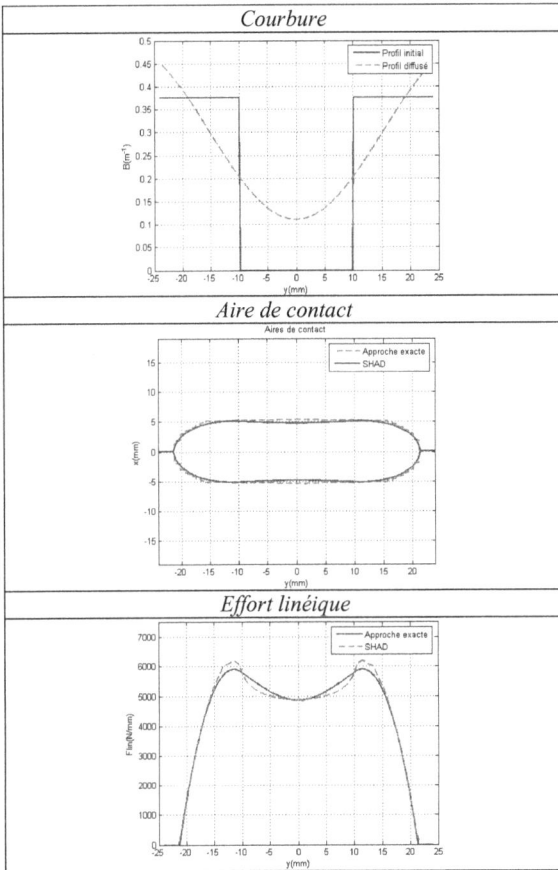

Figure 2.25. Résultats numériques pour le cas test 2 avec F = 200 KN

Dans le cas de conformité, SHAD permet de déterminer la zone de contact et l'effort linéique avec une bonne précision. Le coefficient de diffusion retenu est $C^* = 4$, la comparaison avec la méthode exacte chiffre l'erreur définie ci dessus à 3 %.
La recherche de C^* en considérant plusieurs cas de l'effort normal montre que ce coefficient varie peu au voisinage d'une valeur moyenne valant 3,5 comme le montre la figure ci dessous.

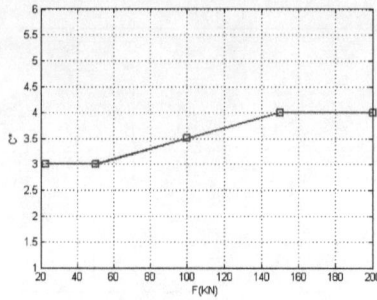

Figure 2.26. Variation de C* en fonction de l'effort normal

2.2.6.3 Cas test 3 « Courbure négative »

Le dernier exemple critique qu'on va envisager est celui d'un galet présentant sur une partie de son profil une courbure négative. Dans ce cas, pour contourner le problème de signe au niveau de la courbure, on remet celle ci à zéro lorsque y parcourt [-10 ; 10] de telle sorte que les conditions d'application de SHAD restent vérifiées.

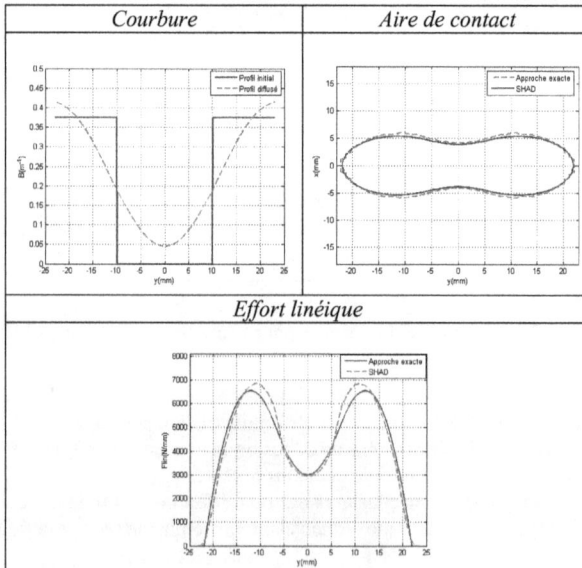

Figure 2.27. Résultats numériques pour le cas test 3 avec F = 200 KN

L'aire de contact trouvée par SHAD est presque confondue avec celle donnée par la méthode exacte, l'effort linéique est aussi de bonne approximation, il est légèrement biaisé aux endroits de discontinuité. Le coefficient C* qui a servi à trouver ces résultats vaut 5 et l'erreur enregistrée est de 7 %.

En faisant varier l'effort F tout en gardant A constante, nous constatons comme précédemment la petite variation du coefficient de diffusion optimal C* pour des efforts allant de 20 KN à 200 KN.

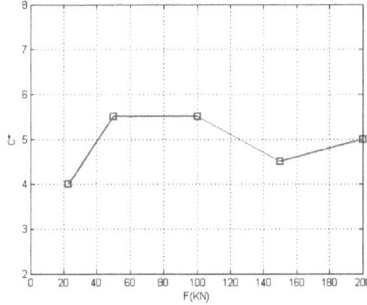

Figure 2.28. Variation de C* en fonction de l'effort normal

2.2.7 Extension de SHAD pour la résolution du problème tangent

Le problème normal étant maintenant résolu : l'aire de contact est trouvée avec une bonne précision et les efforts par bande sont connus. Si les corps en contact étaient hertziens, l'algorithme Fastsim permettrait de donner les efforts de cisaillements et les vitesses de glissement agissant dans la zone de contact. Dans le cas non hertzien, la résolution Fastsim est valable uniquement par bande. Ainsi en découpant la zone de contact de forme quelconque en des bandes suivant y et d'extrémités $-a_i$ et a_i, les cisaillements sont calculés de proche en proche sur chaque bande à partir du bord d'attaque $x = a_i$ en allant vers l'arrière de contact. La vérification de la saturation des efforts tangentiels par la loi de frottement de Coulomb permet de partitionner l'aire de contact en une zone d'adhérence et une zone de glissement.

D'une manière générale, dans le cas d'un contact roulant entre deux corps quasi identiques et de géométrie quelconque, les expressions des cissions dans la zone d'adhérence s'écrivent sur une bande y_i donnée comme suit :

$$\tau_{xz,i} = \left(\frac{v_{x,i}}{L_{1,i}} - \frac{\varphi_i y_i}{L_{3,i}} \right)(x - a_i)$$

$$\tau_{yz,i} = \left(\frac{v_{y,i}}{L_{2,i}} + \frac{\varphi_i}{2L_{3,i}}(x + a_i) \right)(x - a_i)$$

(2.39)

On voit bien que les cissions sont exprimés uniquement en fonction des paramètres locaux à la bande. Soit μ le coefficient de frottement dans la zone de contact et V la vitesse de rotation du galet. On définit le module tangent τ_i comme les cissions résultantes en un point donné :

$$\tau_i(x, y_i) = \sqrt{(\tau_{xz,i}^2 + \tau_{yz,i}^2)} \qquad (2.40)$$

Quand la saturation a lieu, cisaillements et les vitesses de glissement sont donnés par :

$$\tau_{xz,i} = \frac{\tau_{xz,i}}{\tau_i} \mu p(x, y_i)$$

$$\tau_{yz,i} = \frac{\tau_{yz,i}}{\tau_i} \mu p(x, y_i)$$

$$\mathrm{w}_{gx,i} = VL_i \left(\frac{v_{x,i}}{L_{1,i}} - \frac{\varphi_i y_i}{L_{3,i}} - \frac{\partial \tau_{xz,i}}{\partial x} \right) \qquad (2.41)$$

$$\mathrm{w}_{gx,i} = VL_i \left(\frac{v_{y,i}}{L_{2,i}} + \frac{\varphi_i x}{L_{3,i}} - \frac{\partial \tau_{yz,i}}{\partial x} \right)$$

Avec $p(x,y_i)$ est la pression de contact sur la bande y_i donnée par l'équation (2.26).
Dans un premier temps, nous validerons SHAD dans le cas d'un contact roulant entre deux solides hertziens en présentant les résultats de la résolution complète du cas de contact galet/rondin. Puis, nous prouverons la pertinence de ce modèle sur le cas critique du contact conforme dont la solution du problème normal est connue.

2.2.7.1 Illustration dans un cas hertzien

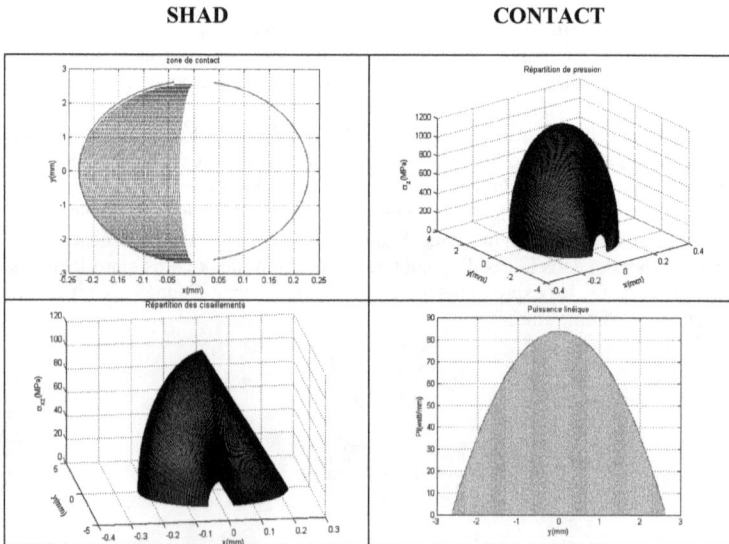

Figure 2.29. Résultats de SHAD dans le cas d'un contact hertzien

Les résultats ci-dessus comparés aux résultats de la figure 2.4 prouvent que l'approche semi hertzienne avec diffusion SHAD donne une excellente approximation pour la résolution du problème complet de contact roulant dans un cas hertzien. La partition de la zone de contact, les cisaillements et la puissance linéique sont très similaires aux résultats de l'approche exacte. La puissance totale dissipée à l'interface vaut 0,29 watt par SHAD, ce qui correspond à 0,2% près aux résultats trouvés par Contact.

2.2.7.2 Illustration dans le cas de conformité

Reprenons le cas du contact conforme galet/éprouvette sous charge normale F = 200 KN, pour résoudre la problème complet du contact roulant on considère les données suivantes :
- un pseudoglissement longitudinal $v_x = 0,001$.
- un coefficient de frottement $\mu = 0,1$.
- une vitesse de rotation du galet $\omega = 1000$ tours/min.

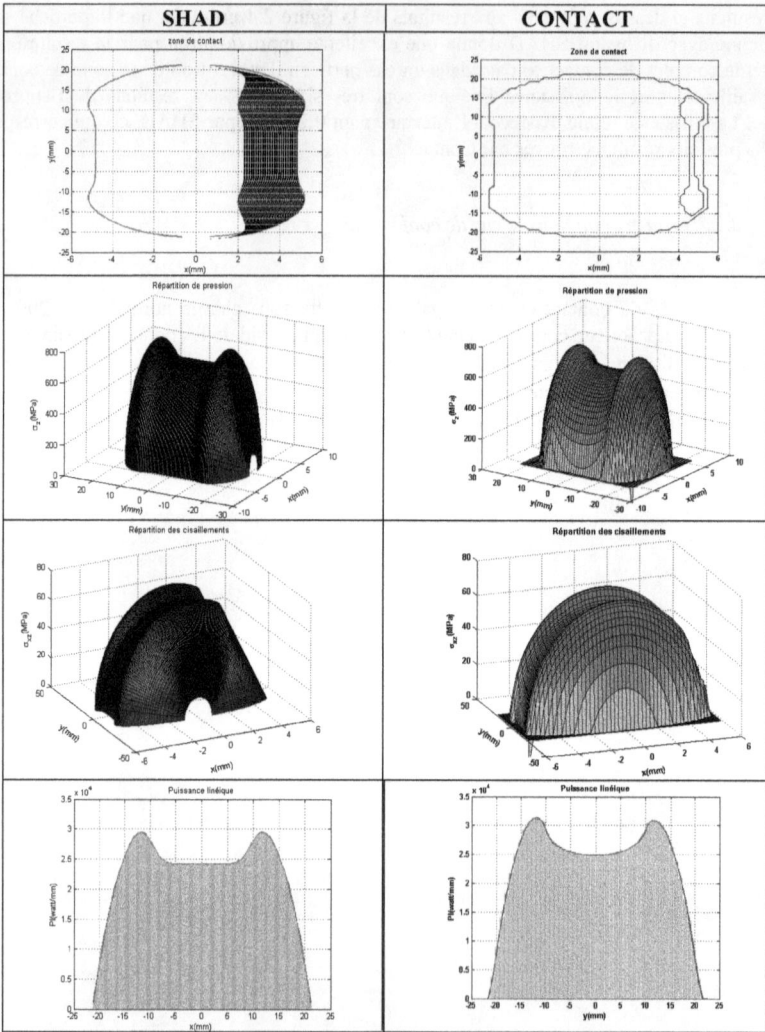

Figure 2.30. Comparaison SHAD / CONTACT dans le cas d'un contact conforme

La résolution par bande montre une très bonne correspondance avec les résultats de la théorie exacte donnée par Contact. On peut constater que la partition des aires de contact par les deux méthodes sont proches bien que l'approche exacte présente une zone d'adhérence plus faible que la méthode simplifiée SHAD. Les répartitions de pression sont elliptiques suivant x et présentent des allures très similaires puisqu'on tient compte de l'erreur sur l'effort par bande dans la détermination de la zone de contact. Les cisaillements sont saturés plus vite par la méthode exacte, néanmoins ce constat n'influence pas le résultat final en terme de puissance linéique qui reste satisfaisant. Les puissances totales dissipées trouvées par SHAD et l'approche exacte sont respectivement 968 watt et 1014 watt, soit une erreur de 4 % seulement.

Il faut noter le gain de temps que SHAD fournit dans la résolution du problème complet du contact roulant. En effet, avec une discrétisation M x N = 150 x 150, SHAD met uniquement 1,39 sec pour la résolution complète. En revanche, avec une discrétisation plus faible de 50 x 50, le calcul par la méthode exacte a duré 34 minutes, soit environ 5800 fois moins rapides que l'approche simplifiée SHAD.

Conclusion

Nous avons présenté une approche simplifiée dite SHAD se basant sur la méthode semi hertzienne pour la résolution du problème complet du contact roulant. Il a été prouvée la fiabilité de cette méthode à travers les différents cas tests critiques. La variation de courbure au voisinage du contact peut aussi être traitée grâce à cette méthode qui permet en un laps de temps très court de déterminer avec précision la zone de contact mais aussi les cissions et les vitesses de glissement agissant dans cette zone. Une étude comparative avec la méthode exacte CONTACT montre que le temps de calcul mis par SHAD est environ 5800 fois plus faible.

Cette approche reste valable tant que le contact se fait en roulement stationnaire. Dans le cas où certains paramètres varient au cours du temps (géométrie de contact, vitesse de rotation, effort de contact...etc), le roulement devient non stationnaire et une limitation de SHAD s'impose. La limitation reste partielle car la résolution du problème normal est toujours possible dans un cas transitoire. En revanche, pour résoudre le problème tangent, il convient de rajouter aux équations de la cinématique le terme non stationnaire qui décrit l'aspect transitoire du problème.

Dans le chapitre suivant, nous allons mettre en place les équations du problème de contact en roulement non stationnaire et discuterons l'influence du terme non stationnaire sur les résultats.

Chapitre 3

Sur l'usure dans les contacts roulants en régime transitoire

Introduction

Ce chapitre est dédié à l'étude du contact entre deux solides en roulement transitoire. Jusqu'à présent, les différents modèles de résolution présentés plus haut supposent que pendant le contact les paramètres donnés du problème restent inchangés *[EDD 06]*. Concrètement, on peut observer des changements de quelques paramètres au cours du temps *[SHE 96]*. En effet, au fur et à mesure du roulement, les géométries des solides en contact sont affectées par le phénomène d'usure et leurs courbures sont altérées. Cela se répercute sur le roulement des solides. Par ailleurs, le changement de la géométrie de contact induit une évolution de la zone de contact et de la répartition de pression et il faut donc en tenir compte dans les calculs. De plus, dans le cas du contact galet/rondin, par exemple, pour lequel on impose seulement la vitesse de rotation du rondin, nous pouvons constater qu'au début du roulement, le galet ne suit pas toujours le mouvement du rondin et qu'il accélère progressivement pour se mettre en phase avec celui-ci. Ce mouvement retardé peut être dû aux efforts internes dans le galet qui favorisent sa traînée. Ce qui se traduit par la présence d'un pseudoglissement longitudinal transitoire au cours du roulement. Le taux de glissement influence la répartition des cisaillements et des vitesses de glissement dans l'aire de contact, paramètres déterminants pour la simulation de l'usure. La prise en compte de l'aspect transitoire au cours du roulement est donc nécessaire pour la simulation de l'usure dans les contacts roulants.

Dans un premier temps, nous allons présenter un aperçu général sur les mécanismes et les modèles d'usure utilisés en tribologie. La plupart des équations de l'usure font intervenir les pressions de contact, les vitesses de glissement et les efforts de cisaillements agissant sur la zone de contact. Dans le cas où le contact roulant se fait en régime transitoire, ces quantités varient au cours du temps et il est donc nécessaire de pouvoir les quantifier à chaque incrément de temps pour pouvoir simuler l'usure.

Dans ce qui suit, nous proposons un modèle simplifié tenant compte de la dynamique des solides en contact en roulement non stationnaire. Nous analyserons l'influence du terme transitoire dans un processus de résolution non stationnaire. Le modèle retenu sera amélioré en incluant un outil de simulation de l'usure avec une réactualisation des profils usés au cours des cycles de roulement.

3.1 L'usure dans les contacts roulants

3.1.1 Mécanismes et modèles d'usure

L'usure est par définition la détérioration produite par usage au cours du temps. Elle constitue l'un des plus sérieux problèmes d'actualité de la tribologie. Ce phénomène dissipatif se traduit par une dégradation progressive de la matière de la surface active d'un corps suite au mouvement relatif d'un autre corps sur cette surface *[BLO 78]*. Au fil du temps, des altérations de géométrie du matériau se manifestent à l'interface (sillons, rayures, cavités…) et affectent ses propriétés mécaniques. Cela peut porter préjudice au fonctionnement du composant mécanique ayant subi ces changements. C'est pourquoi il s'avère important d'étudier les causes de ce phénomène afin de pouvoir établir une ou plusieurs lois d'usure selon le mécanisme considéré permettant la prolongation de la durée de vie des machines.

Le phénomène d'usure dans les contacts roulants frottants est complexe *[BAR 04]*. Sa complexité est essentiellement due au fait qu'il dépend de plusieurs facteurs isolés ou simultanés englobant les paramètres structuraux du problème tels que la géométrie des solides en contact, leurs matériaux, les conditions d'interface…etc, et les paramètres donnés tels que le chargement, la vitesse de roulement, les conditions thermiques…etc.

Selon Goryacheva *[GOR 98]*, on peut classer l'usure en quatre catégories : l'usure par adhésion, l'usure par abrasion, l'usure par fatigue et l'usure chimique.

- *L'usure par adhésion*

Ce type d'usure a lieu dans le cas des contacts collants. Dans le cas d'une adhérence parfaite entre les solides en contact, une jonction adhésive ou microsoudure dépendant des conditions physico-chimiques se forme entre les aspérités de chacune des deux surfaces en contact *[RAB 95]*. Au cours du temps et sous l'effet de fortes pressions de contact, cette jonction se casse et le mécanisme de rupture se déclenche provoquant ainsi l'arrachement des points soudés. Ce phénomène est accentué lorsque les matériaux en contact possèdent les mêmes structures métallurgiques ou lorsque le frottement entre les deux corps est important, ce qui peut engendrer une rupture adhésive sévère allant au grippage. La résistance des particules à cette rupture est fonction de la force de cohésion des solides ainsi que la structure et l'orientation de leurs cristaux.

- *L'usure par abrasion*

L'usure par abrasion apparaît dans les contacts glissants. Sous l'effet de l'effort normal de contact, les aspérités du solide le plus dur vont pénétrer dans le solide ayant une dureté inférieure provoquant ainsi sa détérioration *[NIL 06]*. Cette dernière se manifeste au niveau de la surface soit par un enlèvement de matière par un processus de coupe, soit par une déformation plastique (labourage) sans ablation de matière. Dans le premier cas, les efforts de cisaillement ayant lieu dans la partie glissante de la zone de contact contribuent à l'arrachement du matériau le long d'une distance L de glissement. Dans le second cas, la surface abrasée est déformée et perd de matière sous forme de microcopeaux. Des études antérieures *[ARC 53]* ont pu constater que l'usure par abrasion est fonction des propriétés du matériau comme la dureté de Vickers, le traitement thermique qui peut améliorer sa résistance à l'usure, sa ductilité, son domaine d'écrouissage…etc.

- *L'usure par fatigue*

Au cours des cycles de roulement s'accompagnant d'un effort normal de contact et tangentiel de frottement, les accumulations de contraintes cycliques peuvent dépasser la limite de fatigue en traction ou en cisaillement du matériau *[AYE 04]*. La surface de l'aire de contact subit un effet de chargement cyclique qui peut conduire à la rupture par fatigue du matériau surtout lorsque les contraintes transmises aux points de contact sont importantes et que le nombre des cycles est grand. Le mécanisme de rupture par fatigue est favorisé par l'augmentation des déformations plastiques d'un cycle à l'autre puis se manifeste par l'apparition et la propagation des fissures dans les zones de concentration de contraintes. Lorsque la force tangentielle de frottement est élevée et le matériau est fragile, les fissures apparaissent à la surface par traction. Dans le cas contraire, l'amorçage des fissures se déclenche en sous couche au point de Hertz où la contrainte de cisaillement est maximal *[JOH 85]*. La durée d'amorçage des fissures et leur vitesse de propagation dépendent des conditions environnantes tel que l'atmosphère, la nature du lubrifiant…etc.

- *L'usure due à des réactions chimiques*

Ce type d'usure est connu aussi sous le nom de l'usure corrosive. Comme son nom l'indique, ce phénomène est influencé par les conditions d'environnement ou de voisinage *[NAK 06]*. D'abord, les surfaces en contact réagissent avec leur environnement pour former une « couche de réaction ». Celle-ci est par la suite arrachée dû à l'abrasion ou à la formation des fissures, ce qui laissera le matériau susceptible aux attaques environnementales qui peuvent engendrer des réactions chimiques dégradantes telle que la corrosion résultant de la réaction du métal avec l'air (oxydation) .

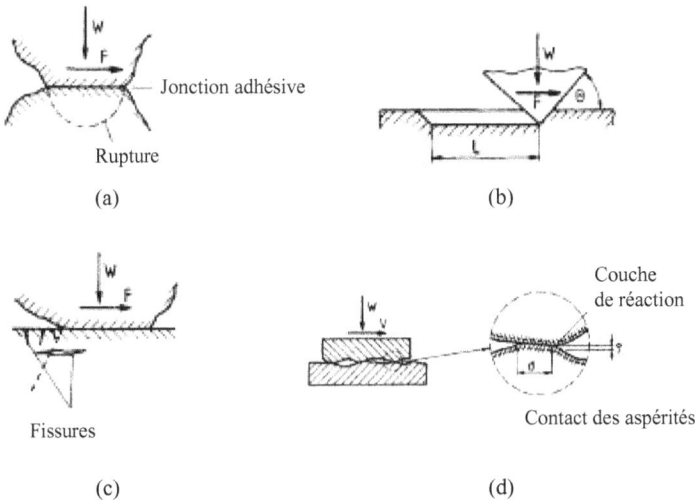

Figure 3.1. Exemples de mécanismes d'usure

(a) usure adhésive, (b) usure abrasive par coupe,

(c) usure par fatigue, (d) usure corrosive.

En fonction des mécanismes d'usure, des modèles empiriques et théoriques sont mis en place afin de décrire le processus d'usure et prédire le profil usé au cours du temps. La majorité des modèles d'usure proposés en tribologie font appel au taux d'usure dans la description du processus de ce phénomène. Par définition, le taux d'usure pour un point donné (x,y) est le volume arraché du matériau usé par unité de surface Δs et de temps Δt.

$$\frac{dz}{dt} = \lim_{\Delta t \to 0} (\lim_{\Delta s \to 0} \frac{\Delta V(x,y)}{\Delta S \Delta t})$$ (3.1)

où ΔV est le volume perdu pendant l'intervalle de temps Δt et dz est la profondeur usée du matériau au point (x,y). Le taux d'usure a la dimension d'une profondeur par unité de temps (m/s) et permet de décrire le changement de l'état topographique de la surface au cours du temps. Pour pouvoir quantifier cette quantité, plusieurs modèles théoriques et empiriques ont été établis. Les modèles expérimentaux sont essentiellement basés sur des essais dont les résultats sont ensuite collectés pour construire une loi d'évolution reliant l'usure aux paramètres donnés de l'essai. Les modèles théoriques sont en revanche basés sur des simulations mathématiques partant d'une idée bien précise. Nous citons dans ce contexte l'approche développée par Archard en 1953 qui se basait sur l'idée que le taux d'usure est proportionnel à l'aire de contact formée entre les deux solides *[ARC 53]* et *[ARC 56]*.

Dans la littérature, nous pouvons constater que la majorité des lois d'usure établies aussi bien par l'expérimentation et la théorie s'écrit sous la forme suivante :

$$\frac{dz}{dt} = K p^{\alpha} V_g^{\beta}$$ (3.2)

où K est le coefficient d'usure, p est la pression de contact, V_g est la vitesse de glissement, α et β des constantes dépendant des propriétés du matériau, des conditions de frottement, de la température…etc. Les constantes K, α et β sont identifiés à partir des essais expérimentaux.

Des mesures établies de trois sources différentes ont permis de tracer une carte du coefficient d'usure K en fonction de la vitesse de glissement et de la pression de contact *[JEN 02]*. Les trois sources d'investigation sont :

- Les essais disque à disque à l'université de Magdeburg en coopération avec l'institut royal de technologie (KTH).
- les essais disque à disque à l'UK.
- les essais pion disque à KTH.

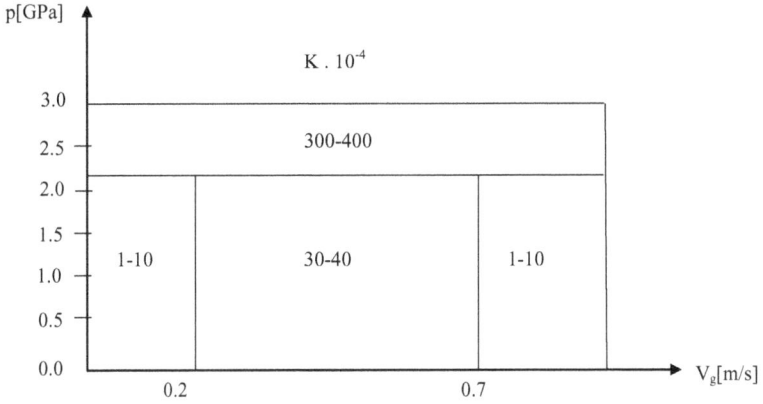

Figure 3.1. Carte du coefficient d'usure K à partir des essais roue/rail en acier

De nombreux modèles en tribologie ont montré que l'évolution d'usure en fonction du temps présente généralement l'allure suivante *[QUE 65]* :

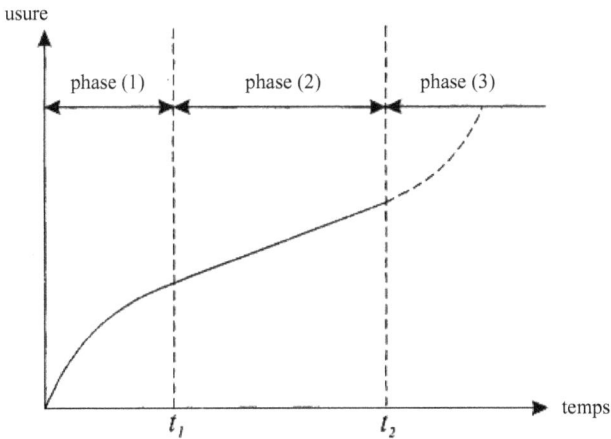

Figure 3.2. Variation de l'usure au cours du temps

Sur cette courbe, nous distinguons trois phases distinctes dans le processus d'usure. La première phase $(0 < t < t_1)$ correspond au rodage désigné par le terme anglo-saxon de « *runnning-in* » [3.15]. Durant cette période, une accommodation des surfaces en contact s'établit et le taux d'usure varie au cours du temps. A la fin de cette phase, on rentre dans une étape d'usure en régime stationnaire $(t_1 < t < t_2)$ durant laquelle l'usure varie linéairement au cours du temps mais le taux d'usure reste constant. Enfin, dans certains cas on peut avoir à la fin de cette évolution une phase dite d'usure catastrophique ($t > t_2$) caractérisée par une augmentation importante du taux d'usure allant à la rupture du matériau.

Le problème d'usure dans les contacts roulants a été intensivement étudié en Russie. Des modèles bidimensionnels et tridimensionnels d'usure ont été proposés pour des solides en contact de géométries différentes en envisageant plusieurs cas de chargement. Ces modèles sont présentés par Aleksandrov et Kovalenko (1978, 1982), Goryacheva (1979a, 1980, 1987, 1989), Bogatin, Morov et Chersky (1983), Teply (1983), Soldatenkov (1985, 1987), Golakov et Usov (1990), etc. Dans ce qui suit, nous présentons quelques modèles théoriques et empiriques établis, nous désignons par P l'effort normal de contact et H la dureté du matériau.

Modèles théoriques		
Auteur	*Loi d'usure*	*Mécanisme*
Holm(1946)	$\dfrac{dz}{dt} = K\dfrac{pV}{H}$	Adhésion
Archard (1953)	$\dfrac{dz}{dt} = K\dfrac{pV}{H}$	Adhésion
Kragelsky (1965)	$\dfrac{dz}{dt} = Kp^{\alpha}V \quad (\alpha > 1)$	Fatigue
Rabinowicz (1965)	$\dfrac{dz}{dt} = K\dfrac{pV}{H}$	Abrasion

Modèles empiriques			
Auteur	*Loi d'usure*	*Matériau*	*Mécanisme*
Lewis (1968)	$\dfrac{dz}{dt} = KpV$	Anneaux de piston ; contact non lubrifié	Adhésion
Khrushchov And Babichev (1970)	$\dfrac{dz}{dt} = K\dfrac{pV}{H}$	Métaux, Contact non lubrifié	Microcoupe
Rhee (1970)	$z = Kp^{\alpha}V^{\beta}t^{\gamma}$	polymères	Adhésion
Larsen-Basse (1973)	$z' = K\dfrac{pV}{f}$ f : fréquence de l'impact, z' : volume usé pour un impact	Matériaux contenant de carbures, trépans	Fatigue thermique
Moor, Walker And Appl (1978)	$\dfrac{dz}{dt} = KV^{\beta}P(vs)$ vs : volume usé par distance de glissement	Diamant, trépan à lames	Brûlure, cassure par impact, érosion

Tableau 3.1. Quelques modèles d'usure

3.1.2 Modèle d'usure utilisé dans la simulation

Dans notre étude, nous nous intéresserons à l'usure générée par abrasion *[MOO 78]* étant donné le phénomène de contact fortement glissant constaté dans notre exemple d'étude ultérieur. Au cours du roulement stationnaire du galet sur le rondin, une aire de contact apparaît avec une partition adhérence/glissement. Pour pouvoir quantifier l'usure dans cette aire, il faut d'abord commencer par écrire localement la loi d'usure. Le modèle d'usure proposé par Archard *[ARC 53]* est adapté dans la modélisation. Ce modèle relie le volume usé à des paramètres dépendant du matériau et du chargement donné. Son équation est donnée par :

$$W = \frac{k}{H} F L_g \tag{3.3}$$

avec :

W: volume usé (m^3)

k: coefficient d'usure

H: dureté de Brinell du matériau le plus tendre (Pa)

F: effort normal (N)

L_g: longueur de glissement (m)

Comme l'on considère que l'usure se produit uniquement dans la zone de glissement de l'aire de contact, l'effort tangentiel résultant T est maximal et vaut µF. Ainsi l'équation (3.3) peut s'écrire en fonction de l'effort T comme suit :

$$W = \frac{k}{H} T L_g \tag{3.4}$$

avec k = k/μ

Pour une écriture locale de l'usure, il convient de diviser la dernière équation par la surface S. On obtient alors l'incrément en profondeur d'usure calculé en un point donné :

$$dz = \frac{k}{H} \tau L_g \tag{3.5}$$

Pour décrire l'évolution de cet incrément au cours du temps, on considère un pas de temps dt. On définit ainsi le taux d'usure qui peut s'écrire sous le forme :

$$\frac{dz}{dt} = \frac{k}{H} \tau w_g \tag{3.6}$$

En intégrant cette quantité entre les instants t_1 et t_2 correspondant respectivement aux extrémités $-a_i$ et a_i d'une bande de la zone de contact, nous pouvons quantifier le taux d'usure par passage du galet obtenu sur les éléments de surface appartenant à cette bande (Figure 3.4).

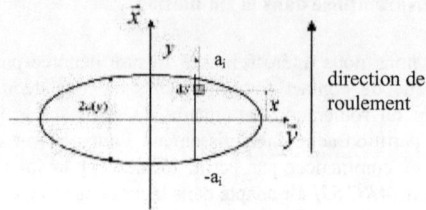

Figure 3.3. Aire de contact.

$$\frac{\delta z}{\delta n} = \int dz = \frac{\mathrm{k}}{H}\int_{t_1}^{t_2} \tau w_g\, dt \qquad (3.7)$$

Soit dx la largeur d'un élément de surface ds situé sur une bande donnée. La vitesse de renouvellement de contact V n'est autre que le rapport de dx par le pas de temps dt. Ainsi, l'équation (3.7) peut s'écrire en faisant intervenir la puissance linéique dissipée *[CHE 05]* comme suit :

$$\frac{\delta z}{\delta n} = \frac{\mathrm{k}}{HV}\int_{-a_i}^{a_i} \tau w_g\, dx = \frac{\mathrm{k}}{HV} P_l \qquad (3.8)$$

On comprend par cette dernière équation le rôle crucial de la puissance linéique dissipée pour la simulation de l'usure.

3.2 Modèle dynamique pour la résolution du problème de contact en roulement non stationnaire

3.2.1 Mise en équation et résolution du problème transitoire

Considérons le cas de contact entre deux solides élastiques dont le roulement suit une loi horaire. Dans ce cas la résolution du problème normal est connue. En effet, au cours des premiers cycles de roulement, les solides restent hertziens. En conséquence, l'aire de contact et la répartition de pression sont données par la théorie de Hertz. En revanche, pour un nombre de cycle important, les solides s'usent au cours du temps et les courbures au voisinage de contact changent. A ce moment, l'approche simplifiée SHAD *[EDD 06]* peut être utilisée pour la résolution du problème normal. Ensuite, pour déterminer les efforts tangents et les vitesses de glissement, les équations de la cinématique des deux solides en contact dans le cas du roulement transitoire sont considérées.

$$\begin{cases} \mathrm{w}_{gx} = V(\nu_x - \phi y - \dfrac{\partial u}{\partial x}) + \dfrac{\partial u}{\partial t} \\[3mm] \mathrm{w}_{gy} = V(\nu_y + \phi x - \dfrac{\partial v}{\partial x}) + \dfrac{\partial v}{\partial t} \end{cases} \qquad (3.9)$$

Pour résoudre ces équations, nous avons eu recours à l'hypothèse simplificatrice du « tapis de ressorts » de kalker. Les équations simplifiées s'écrivent donc :

$$\begin{cases} \mathrm{w}_{gx} = VL(\dfrac{\nu_x}{L_1} - \dfrac{\phi y}{L_3} - \dfrac{\partial \tau_{xz}}{\partial x}) + L\dfrac{\partial \tau_{xz}}{\partial t} \\[3mm] \mathrm{w}_{gy} = VL(\dfrac{\nu_y}{L_2} + \dfrac{\phi x}{L_3} - \dfrac{\partial \tau_{yz}}{\partial x}) + L\dfrac{\partial \tau_{yz}}{\partial t} \end{cases} \qquad (3.10)$$

Ces équations peuvent se mettre sous la forme compacte suivante :

$$\frac{\underline{s} - \underline{c}}{L} = \frac{\partial \underline{\tau}}{\partial t} + (-V)\frac{\partial \underline{\tau}}{\partial x} \qquad (3.11)$$

avec $\underline{s}, \underline{c}$ et $\underline{\tau}$ sont des vecteurs désignant respectivement les vitesses de glissement, les taux de glissement et le vecteur cisaillements donnés par :

$$\underline{s} = \begin{pmatrix} \mathrm{w}_{gx} \\ \mathrm{w}_{gy} \end{pmatrix} \qquad (3.12)$$

$$\underline{c} = VL \begin{pmatrix} \dfrac{\nu_x}{L_1} - \dfrac{\phi y}{L_3} \\[3mm] \dfrac{\nu_y}{L_2} - \dfrac{\phi x}{L_3} \end{pmatrix} \qquad (3.13)$$

$$\underline{\tau} = \begin{pmatrix} \tau_{xz} \\ \tau_{yz} \end{pmatrix} \qquad (3.14)$$

Il s'agit maintenant de résoudre l'équation (3.11) qui est une équation différentielle aux dérivées partielles. Cette équation est du type hyperbolique et souvent connue sous le nom de l'équation d'advection [**MOL 68**]. Pour la résoudre, nous allons utiliser la méthode d'approximations par différences finies. Nous illustrerons ensuite cette résolution sur le cas classique du contact galet/rondin.

3.2.1.1 Quelques schémas numériques usuels

La méthode des différences finies est souvent employée pour la résolution numérique des équations aux dérivées partielles [**LEW 96**]. Elle permet d'approximer la solution du problème sur un espace discrétisé en temps et en espace comme le montre le graphique ci-dessous :

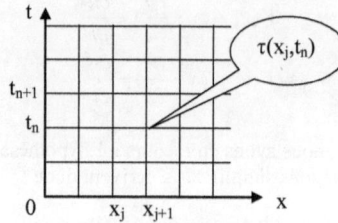

Figure 3.4. Grille espace/temps pour l'approximation
des différence finies.

Soit N un entier positif et Δx un pas d'espace défini par : $x_N = N.\Delta x$ où x_N désigne la borne supérieure de l'intervalle contenant x. Ainsi, les points de maillage x_i sont d'équation : $x_j = j.\Delta x$: c'est la discrétisation spatiale. La discrétisation en temps s'obtient d'une façon analogue.

L'objectif de cette méthode est de pouvoir approcher le champ de solution à chaque instant sur un ensemble discret de points du plan (x,t) appelés aussi points de collocation en remplaçant dans (3.11) les opérateurs différentiels en espace et en temps par des différences finies. On construit ainsi un système linéaire liant les valeurs nodales entre elles auquel se rajoutent les conditions limites du problème. Selon le type du problème, les conditions aux limites peuvent être de type Dirichlet, de type Neumann ou des conditions mixtes.

Les schémas numériques permettent d'évaluer les quantités τ_j^n en une suite d'instants discrets tel que :

$$\tau_j^n \approx \tau_j(t_n) \approx \tau(x_j, t_n) \tag{3.15}$$

Ces schémas s'obtiennent en considérant des approximations dérivant d'un développement de Taylor ou pouvant être établies par le biais de la méthode des caractéristiques détaillée par exemple dans *[ERN 04]*. A titre d'exemple, nous citons quelques discrétisations usuelles de τ_j^n en espace :

- Discrétisation en aval :

$$\frac{\partial \tau_j^n}{\partial x} \approx \frac{\tau_{j+1}^n - \tau_j^n}{\Delta x} \tag{3.16}$$

- Discrétisation en amont :

$$\frac{\partial \tau_j^n}{\partial x} \approx \frac{\tau_j^n - \tau_{j-1}^n}{\Delta x} \tag{3.17}$$

- Discrétisation centré :

$$\frac{\partial \tau_j^n}{\partial x} \approx \frac{\tau_{j+1}^n - \tau_{j-1}^n}{2\Delta x} \tag{3.18}$$

Ces approximations sont toutes d'ordre 1. L'erreur de troncature est donc proportionnelle à $O(\Delta x)$. En plus, elles sont toutes explicites car elles permettent pour un j fixé d'évaluer explicitement la valeur de τ_j^n par approximations obtenues à partir des pas de temps précédents.

Les schémas numériques d'intégration sont nombreux et nous allons nous contenter de citer quelques schémas explicites en injectant les approximations présentées ci-dessus dans l'équation différentielle aux dérivées partielles (3.11) :

Nom	Schéma aux différences finies	Représentation
Euler en aval	$\tau_j^{n+1} = \tau_j^n - \dfrac{(-V)\Delta t}{\Delta x}(\tau_{j+1}^n - \tau_j^n) + \left(\dfrac{s-c}{L}\right)_j^n \Delta t$	
Centré	$\tau_j^{n+1} = \tau_j^n - \dfrac{(-V)\Delta t}{2\Delta x}(\tau_{j+1}^n - \tau_{j-1}^n) + \left(\dfrac{s-c}{L}\right)_j^n \Delta t$	
Lax Friedfrisch	$\tau_j^{n+1} = \dfrac{1}{2}(\tau_{j-1}^n + \tau_{j+1}^n) - \dfrac{(-V)\Delta t}{2\Delta x}(\tau_{j+1}^n - \tau_{j-1}^n) + \left(\dfrac{s-c}{L}\right)_j^n \Delta t$	
Lax Wendroff	$\tau_j^{n+1} = \tau_j^n - \dfrac{(-V)\Delta t}{2\Delta x}(\tau_{j+1}^n - \tau_{j-1}^n)$ $+ \dfrac{1}{2}(\dfrac{(-V)\Delta t}{\Delta x})^2(\tau_{j+1}^n - 2\tau_j^n + \tau_{j-1}^n) + \left(\dfrac{s-c}{L}\right)_j^n \Delta t$	

Tableau 3.2. Quelques schémas explicites aux différences finies

Contrairement aux autres schémas numériques cités, le schéma de Lax Wendroff est d'ordre 1 en espace et d'ordre 2 en temps. Dans ce contexte, les schémas d'ordre 2, plus précis, offrent de meilleures performances numériques que les schémas du premier ordre. Par contre, la problématique se pose de manière différente au voisinage du choc. En effet, les schémas du second ordre manifestent un comportement dispersif au voisinage du choc provoquant des oscillations non physiques dans la solution. Ce qui rend souvent préférable l'utilisation des schémas d'ordre 1. Il existe aussi des schémas implicites mais leur coût numérique est plus important en comparaison avec les schémas explicites. Soit θ un nombre compris entre 0 et 1, le θ schéma permet de résumer 3 types de schémas d'intégration dont le schéma implicite et est donné par la relation :

$$\tau_j^{n+1} = \tau_j^n - (1-\theta)\frac{(-V)\Delta t}{\Delta x}(\tau_{j+1}^n - \tau_j^n) - \theta\frac{(-V)\Delta t}{\Delta x}(\tau_{j+1}^{n+1} - \tau_j^{n+1}) + \left(\frac{s-c}{L}\right)_j^n \Delta t \qquad (3.19)$$

En effet, lorsque $\theta = 0$ on obtient le schéma d'Euler explicite, le schéma d'Euler implicite s'obtient en posant $\theta = 1$, enfin lorsque θ vaut 1/2 nous trouvons le schéma implicite de Crank Nicolson qui considère une combinaison moyenne entre les approximations aux instants t^n et t^{n+1}, ce qui revient à évaluer la solution à l'instant intermédiaire $t_{n+1/2} = (t_n + t_{n+1})/2$. Dans la suite, nous allons poser :

$$c = \frac{(-V)\Delta t}{\Delta x} \tag{3.20}$$

c est appelé le nombre de courant.

La question qui se pose maintenant est : quel schéma faut il considérer dans notre résolution ? L'arbitrage entre les différents schémas n'est pas immédiat car doit prendre en considération quelques propriétés de la solution construite telle que la stabilité et la convergence *[TAO 04]*. En effet il faut s'assurer compte tenues d'une part des erreurs systématiques de troncature introduites lors de la construction du schéma d'approximation et d'autre part de la mauvaise représentation des nombres en machine qui induisent des erreurs d'arrondi que l'erreur va rester bornée et tendre vers zéro lorsque les paramètres de discrétisation Δt et Δx tendent vers zéro.

3.2.1.2 Etude de stabilité, illustration sur le cas du contact galet/rondin

Dans cette partie, nous allons tester la stabilité de quelques schémas numériques du tableau 3.2 sur l'exemple du contact galet/rondin ce qui va nous permettre de trancher entre les différents schémas numériques.

Prenons par exemple le cas du schéma classique d'Euler. L'erreur locale de troncature correspondante à ce schéma s'écrit :

$$L^n = (\tau_j^{n+1} - \tau_j^n + c(\tau_{j+1}^n - \tau_j^n) - \left(\frac{s-c}{L}\right)_j^n \Delta t) = \frac{\partial \tau_j^n}{\partial t}\Delta t + O(\Delta t) +$$

$$(-V)\Delta t(\frac{\partial \tau_j^n}{\partial x} + O(\Delta x)) - \left(\frac{s-c}{L}\right)_j^n \Delta t = (\frac{\partial \tau_j^n}{\partial t} + (-V)\frac{\partial \tau_j^n}{\partial x} - \left(\frac{s-c}{L}\right)_j^n)\Delta t + O(\Delta t + \Delta x)$$

$$= O(\Delta t + \Delta x)$$

Il est clair que $\left\|L^n\right\|_\infty \to 0 \quad quand \quad \Delta t \to 0, \Delta x \to 0$

Le schéma d'Euler est donc consistant, reste à prouver la stabilité de la solution de l'équation homogène associée qui est de la forme $\tau^{n+1} = \underline{\underline{H}}_\tau \tau^n$.

Pour ce faire nous allons utiliser la méthode matricielle.

Il est clair que $\underline{\underline{H}}_\tau = bidiag(\alpha, \beta)$ où :

$$\alpha = 1+c \text{ et } \beta = -c$$

Ainsi, $\left\|H_\tau\right\|_\infty = \left|1+c\right| + \left|-c\right|$

On voit bien que cette norme est toujours supérieure à 1 quelque soit la valeur de c. Le schéma est donc inconditionnellement instable pour la norme $\left\|\ \right\|_\infty$.

Nous pouvons éventuellement étudier la stabilité en norme $\left\|\ \right\|_2$, par contre il s'est avéré que la seule stabilité en cette norme n'est pas suffisante et peut engendrer des oscillations parasites dans la solution numérique. En conséquence, le schéma d'Euler ne peut pas être exploitable dans notre cas.

Pour illustrer l'instabilité de ce schéma, nous considérons l'exemple hertzien du contact galet/rondin cité au paragraphe 1.1 du chapitre 2 avec un taux de glissement v_x constant valant 0,001. On suppose dans cet exemple que le rondin a une vitesse de rotation variable au cours du temps qui part de zéro en augmentant rapidement jusqu'à atteindre une valeur constante qui représente la vitesse de rotation du rondin dans le cas stationnaire.

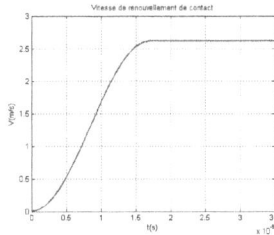

Figure 3.5. Vitesse de rotation imposée.

L'idée derrière ce choix est de pouvoir tester si le schéma en question converge ou pas vers la solution stationnaire de Fastsim *[NAK 06]* déjà établie. Le schéma de résolution adapté pour résoudre le problème complet de contact roulant en régime non stationnaire consiste tout d'abord à résoudre le problème normal en utilisant l'approche semi hertzienne avec diffusion SHAD. Pour déterminer les efforts tangents et les vitesses de glissement, on procède comme suit :

- D'abord, on suppose à l'instant t_1 un état initial où les cisaillements et les glissements sont nuls.
- Ensuite pour l'instant suivant t_2, on considère la zone de contact trouvée par SHAD qu'on découpera en des bandes suivant y. On impose la condition d'adhérence sur le bord d'attaque, ainsi les vitesses de glissement sont nulles et nous pouvons calculer $\tau(x,t_2) = \tau_j^2$ par le schéma de différence fini considéré.
- On vérifie la saturation des cisaillements par la loi de frottement de Coulomb, ce qui nous permet de déduire la vitesse de glissement s(x,t$_2$).
- Les cisaillements ainsi que les vitesses de glissement sont ainsi connues pour l'instant t_2, et on va s'en servir pour la détermination des nouveaux efforts et glissements à l'instant suivant t_3.

Cette démarche de résolution montre que contrairement au cas stationnaire, la détermination des cissions et des vitesses de glissement à l'instant t dépendent des résultats trouvés à l'instant précédent t-1. Il y a donc un couplage entre les paramètres induit par la contribution du terme non stationnaire $\dfrac{\partial \tau}{\partial t}$ dans les équations simplifiées.

Sur la figure ci contre, nous présentons quelques résultats de cette résolution en utilisant le schéma numérique d'Euler pour confirmer son instabilité.

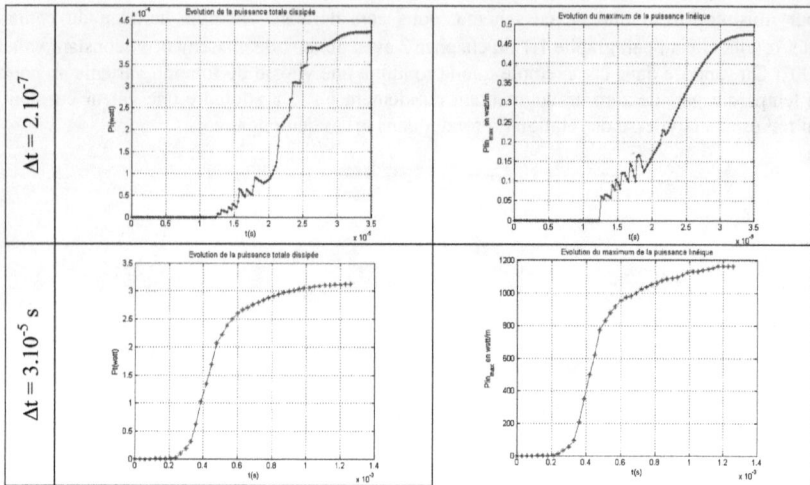

Figure 3.6. Résultats du problème transitoire avec le schéma d'Euler.

La discrétisation spatiale Δx prise en compte dans ce calcul est $5,6.10^{-6}$, soit un rapport $\Delta x/V$ maximum de $2,1.10^{-6}$ s. Les pas de temps considérés sont choisis en tenant compte de ce rapport régissant souvent la stabilité des schémas numériques. On a pu constater que lorsque Δt est supérieur ou inférieur à ce rapport, les résultats montrent clairement la divergence du schéma d'Euler dans la résolution du problème de contact avec une vitesse transitoire du rondin. En effet, la solution du problème stationnaire par Fastsim a montré que pour une vitesse de rotation $\omega = 1000$ tours/min, soit $V = 2,618$ m/s, la puissance dissipée totale à l'interface vaut 0,29 watt et que la puissance linéique au centre de la zone de contact est de 82 watt/m, ce qui est en contradiction avec les résultats présentés ci-dessus. En principe, lorsque la vitesse de rotation du rondin devient stationnaire, le terme $\dfrac{\partial \tau}{\partial t}$ n'a plus de contribution et on doit converger vers l'état stationnaire donné par la solution Fastsim. Avec un pas de temps $\Delta t = 2.10^{-7}$ s, la résolution avec le schéma d'Euler montre quelques fluctuations de la solution avec une tendance asymptotique vers des valeurs incompatibles avec la solution stationnaire. Ces fluctuations disparaissent en utilisant un pas de temps plus grand, néanmoins les résultats restent divergents puisque les puissances linéique et totale dissipées s'accroissent et ne se stabilisent pas au cours du temps.

Considérons maintenant le schéma explicite de Lax Friedrich. L'erreur locale de troncature correspondante à ce schéma s'écrit :

$$L^n = \tau_j^{n+1} - \tau_j^{\;n} + \frac{(-V)\Delta t}{2\Delta x}(\tau_{j+1}^n - \tau_{j-1}^n) + \left(\tau_j^{\;n} - \frac{1}{2}(\tau_{j-1}^n + \tau_{j+1}^n)\right) - \left(\frac{s-c}{L}\right)_j^n \Delta t$$

$$= \left(\frac{\partial \tau_j^n}{\partial t}\Delta t + O(\Delta t)\right) + (-V)\Delta t\left(\frac{\partial \tau_j^n}{\partial x} + O(\Delta x^2)\right) + O(\Delta x) - \left(\frac{s-c}{L}\right)_j^n \Delta t$$

$$= O(\Delta t + \Delta x^2.\Delta t + \Delta x) \to 0$$
$$(\Delta x, \Delta t) \to 0$$

Le schéma est donc consistant et nous allons maintenant vérifier la stabilité de la solution en utilisant la méthode de transformée de Fourier. On rappelle que cette transformée est donnée par :

$$\hat{\tau}(\xi) = \frac{1}{\sqrt{2\pi}}\int_{-\infty}^{+\infty}\tau(x)\exp(-j\xi x)dx, \qquad j^2 = -1 \tag{3.21}$$

$\xi \in [-\frac{\pi}{\Delta x}, \frac{\pi}{\Delta x}]$ est le nombre d'onde. La substitution de l'expression de Fourier pour τ dans l'équation homogène conduit à :

$$\hat{\tau}^{n+1}(\xi)\exp(-j\xi\Delta x) = \frac{1}{2}\left(\hat{\tau}^n(\xi)\exp(-(j-1)\xi\Delta x) + \hat{\tau}^n(\xi)\exp(-(j+1)\xi\Delta x)\right)$$

$$-\frac{c}{2}\left(\hat{\tau}^n(\xi)\exp(-(j+1)\xi\Delta x) - \hat{\tau}^n(\xi)\exp(-(j-1)\xi\Delta x)\right)$$

$$\Rightarrow \hat{\tau}^{n+1}(\xi) = \frac{1}{2}\left(\hat{\tau}^n(\xi)\exp(\xi\Delta x) + \hat{\tau}^n(\xi)\exp(-\xi\Delta x)\right) - \frac{c}{2}\left(\hat{\tau}^n(\xi)\exp(-\xi\Delta x) - \hat{\tau}^n(\xi)\exp(\xi\Delta x)\right)$$

$$\Rightarrow \rho = \frac{\hat{\tau}^{n+1}}{\hat{\tau}^n} = (\cos(\xi\Delta x) + c\sin(\xi\Delta x))$$

ρ est appelé le facteur d'amplification qui dépend du nombre d'onde, une condition nécessaire de stabilité est : $|\rho| \leq 1$ quelque soit ξ dans l'intervalle $[-\frac{\pi}{\Delta x}, \frac{\pi}{\Delta x}]$. Finalement, le schéma de Lax Friedrich est stable sous une condition connue sous le nom CFL, d'après Courant, Friedrich et Lewy :

$$|c| \leq 1 \Rightarrow \Delta t \leq \frac{\Delta x}{V} \tag{3.22}$$

Nous pouvons tout de même s'assurer de la stabilité de ces schémas en norme $\|\;\|_\infty$. En effet :

$$\tau_j^{n+1} = \frac{1+c}{2}\tau_{j-1}^n + \frac{1-c}{2}\tau_{j+1}^n \Rightarrow \left\|\tau_j^{n+1}\right\|_\infty \leq \left|\frac{1+c}{2}\right|\left\|\tau_{j-1}^n\right\|_\infty + \left|\frac{1-c}{2}\right|\left\|\tau_{j+1}^n\right\|_\infty$$

Lorsque $|c| \leq 1$, les termes $\left|\frac{1+c}{2}\right|$ et $\left|\frac{1-c}{2}\right|$ sont tous deux compris entre 0 et 1 et on a donc : $\left\|\tau^{n+1}\right\|_\infty \leq \left\|\tau^n\right\|_\infty$, ce qui prouve la stabilité de ce schéma numérique en cette norme.

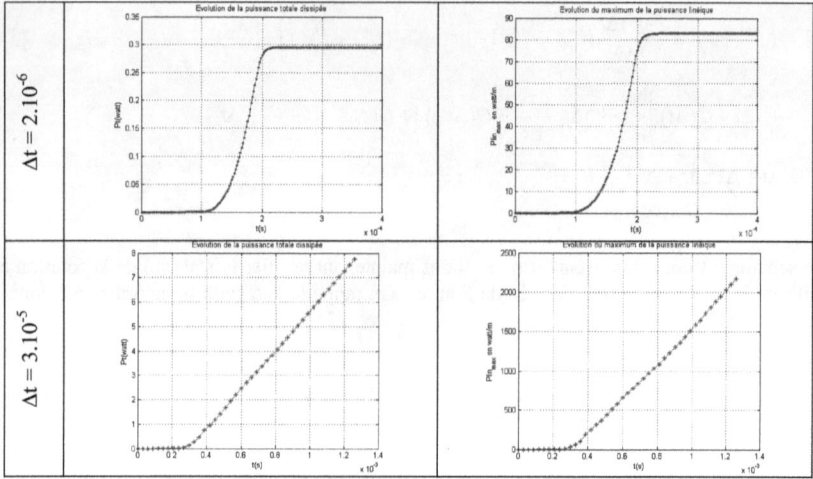

Figure 3.7. Résultats du problème transitoire avec le schéma de Lax.

La figure 3.7 montre l'évolution de la puissance linéique et de la puissance totale dissipées au cous du temps pour deux pas de temps différents. Dans notre exemple, la vitesse de rotation du rondin est non stationnaire. Ainsi, pour que la condition de stabilité soit vérifiée à chaque instant, il faut que le pas de temps choisi dans l'intégration numérique soit inférieur à $\Delta t_{min} = \dfrac{\Delta x}{V_{max}}$. En considérant la même discrétisation spatiale que précédemment, Δt_{min} trouvé est faible et vaut $2,16.10^{-6}$ s. Le premier pas de temps considéré dans le calcul ($\Delta t = 2.10^{-6}$ s) vérifie bien la condition de CFL, cela explique les bons résultats trouvés dans ce cas. On peut constater qu'à mi parcours, lorsque la vitesse du rondin devient stationnaire, les puissances linéique et totale dissipées convergent vers la solution donnée par Fastsim en stationnaire. De plus, les allures sont bien lisses et ne présentent pas de fluctuations parasites au cours du temps.

En revanche, en violant la condition de stabilité avec un pas d'intégration numérique bien supérieur à Δt_{min} ($\Delta t = 3.10^{-5}$ s) on a pu constater que les puissances s'accroissent linéairement vers des valeurs très éloignées de la solution stationnaire, ce qui se traduit par un phénomène de divergence numérique.

Les résultats trouvés ci-dessus militent pour le choix du schéma de Lax Friedrisch pour la résolution du problème de contact transitoire. On construit de cette façon une méthode pas à pas se basant dans sa résolution sur l'algorithme simplifié et rapide Fastsim qu'on appellera « SATRAN » (Stepping Approach for TRANsient rolling problems). A titre d'exemple, on note que le temps de calcul mis par cette approche avec $\Delta t = 2.10^{-6}$ s est de 42 secondes. Les discrétisations spatiales adoptées sont M x N = 80 x 80, la discrétisation temporelle N vaut 200, soit 1 280 000 étapes de calcul.

3.2.1.3 Résultats numériques de Satran

Un modèle de résolution d'un problème transitoire doit permettre de décrire à chaque instant t l'état des paramètres solutions de ce problème. Dans ce qui suit, nous présentons l'évolution des cisaillements sur la barlde centrale de la zone de contact. Cette évolution est décrite au cours de quelques instants repérés dans le schéma ci-dessous.

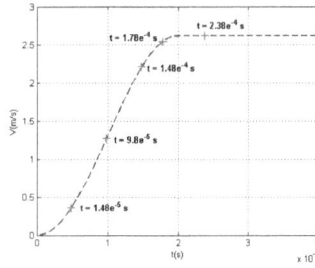

Figure 3.8. Repérage des instants pour la visualisation transitoire des résultats

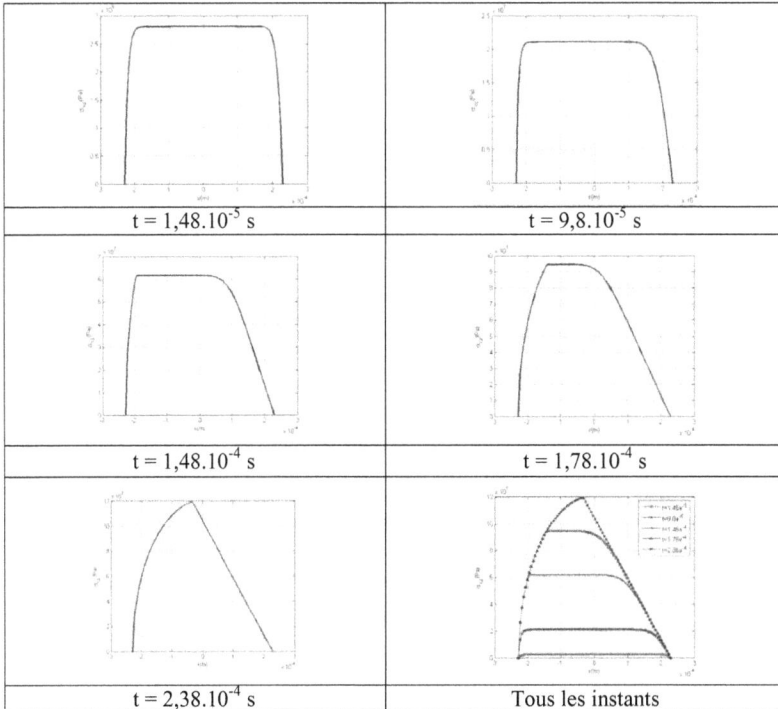

$t = 1,48.10^{-5}$ s	$t = 9,8.10^{-5}$ s
$t = 1,48.10^{-4}$ s	$t = 1,78.10^{-4}$ s
$t = 2,38.10^{-4}$ s	Tous les instants

Figure 3.9. Evolution des cisaillements sur la bande centrale donnée par Satran.

Les résultats de la figure 3.9 montrent l'allure des efforts tangentiels agissant dans la zone de contact pour différents instants. On peut constater que ces cisaillements augmentent au cours du temps et saturent progressivement à l'arrière de contact. Cela signifie que la zone d'adhérence couvre presque entièrement l'aire de contact et que les glissements sont très faibles aux premiers pas de temps. La partition de la zone de contact ainsi que l'allure des cisaillements se stabilisent à mi chemin correspondant à t = 2.10^{-4} s et on retrouve finalement la même distribution trouvée par Fastsim dans le cas du roulement stationnaire.

Cette évolution des efforts de cisaillements nous rappelle les résultats des travaux de Kalker *[KAL 82, KAL 90]* dans le cadre de l'étude du contact entre deux sphères quasi identiques en roulement transitoire. Dans cet exemple connu sous l'expression « from Cattaneo to carter steady state », Kalker décrit le passage progressif d'un sphère initialement au repos au mouvement relatif stationnaire lorsque le contact s'accompagne d'un effort tangentiel transmis d'un solide à un autre. Les résultats présentés ci-dessous dérivent d'une résolution par la méthode exacte CONTACT *[KAL 00]*.

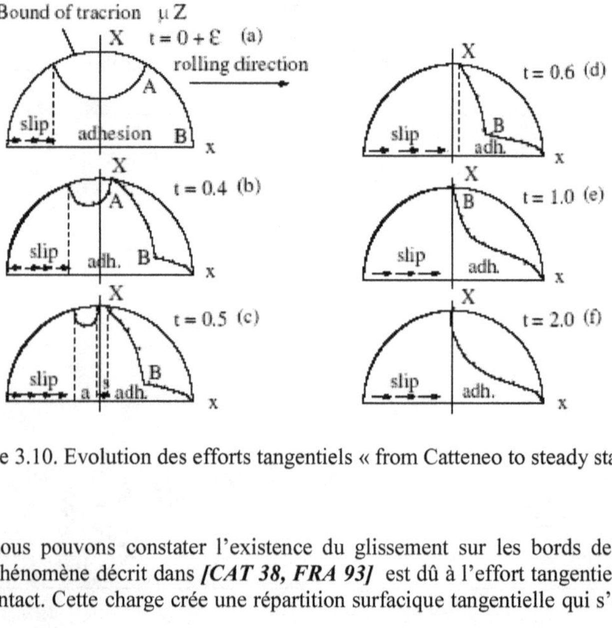

Figure 3.10. Evolution des efforts tangentiels « from Catteneo to steady state »

Au départ, nous pouvons constater l'existence du glissement sur les bords de la zone de contact. Ce phénomène décrit dans *[CAT 38, FRA 93]* est dû à l'effort tangentiel T entre les solides en contact. Cette charge crée une répartition surfacique tangentielle qui s'écrit sous la forme :

$$\tau(x) = \frac{T}{\pi(a^2 - x^2)^{1/2}} \tag{3.23}$$

Lorsque x tend vers le bord de l'ellipse de contact a, les forces tangentielles s'accroissent infiniment et dépassent en conséquence le seuil de saturation μp donné par la loi de frottement de Coulomb. En ce moment, les cisaillements sont saturés sur les bords de la zone de contact et le contact est collant dans la partie centrale (figure 3.11).

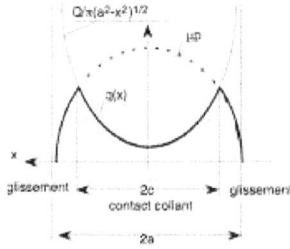

Figure 3.11. Allure des cisaillements dans le cas statique

Ensuite pendant la phase transitoire, nous pouvons constater le recul de la zone de glissement vers l'arrière de l'aire de contact jusqu'à atteindre l'état du roulement stationnaire.

Nous pouvons aussi visualiser l'évolution de la partition de la zone de contact au cours du temps donnée par Satran.

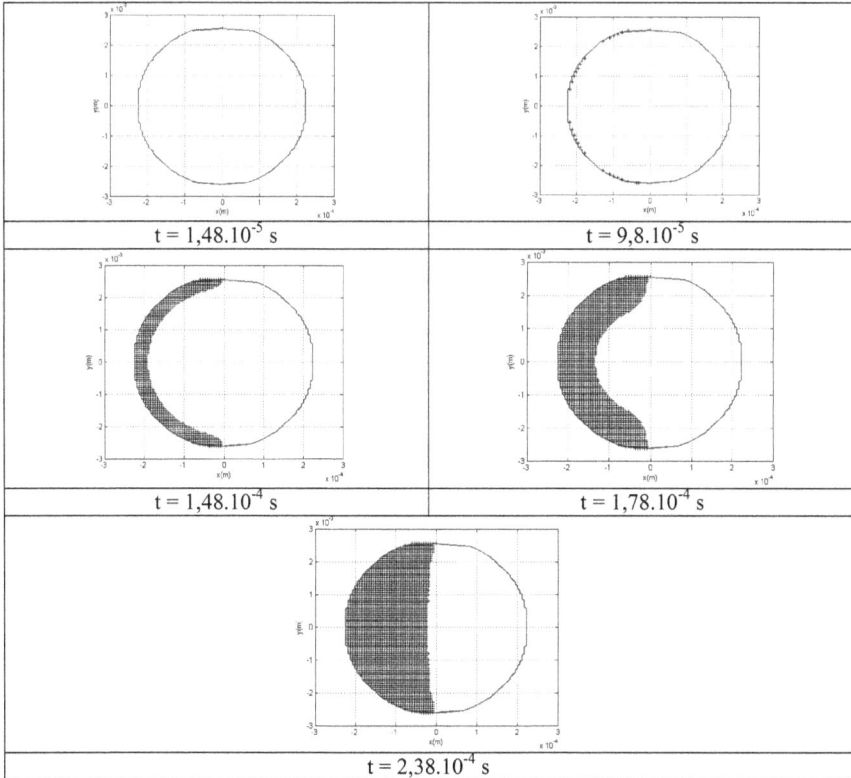

$t = 1,48.10^{-5}$ s	$t = 9,8.10^{-5}$ s
$t = 1,48.10^{-4}$ s	$t = 1,78.10^{-4}$ s
$t = 2,38.10^{-4}$ s	

Figure 3.12. Evolution de la partition de la zone de contact au cours du temps.

Cette évolution confirme les résultats trouvés plus haut. En effet, dans notre exemple on considère que le contact ne s'accompagne pas d'un effort tangentiel, en conséquence les glissements sont très faibles aux premiers instants et les cisaillements ne sont pas saturés : le contact est donc entièrement collant. Au fur et à mesure de l'avancement du galet, les cisaillements s'accumulent selon le schéma numérique et croient progressivement jusqu'à atteindre le seuil de saturation. C'est ainsi que la zone de glissement s'agrandit en allant de l'arrière vers l'avant de contact. On obtient enfin une aire de contact partitionnée identique à celle trouvée par Fastsim dans le cas stationnaire.

Il est aussi intéressant de connaître l'évolution de la puissance linéique dissipée par contact puisqu'elle constitue un paramètre déterminant dans la simulation de l'usure.

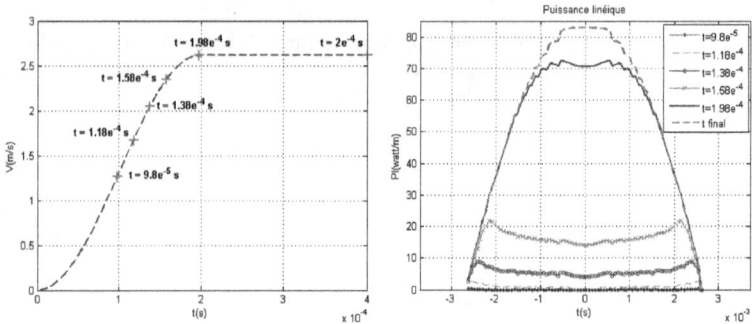

Figure 3.13. Evolution de la puissance linéique au cours du temps.

La figure ci-dessus montre que la dissipation de puissance est très faible sur le premier quart du chemin puisque les cisaillements et les vitesses de glissements le sont aussi. Ensuite, en se rapprochant du plateau la puissance augmente rapidement et se stabilise avec une allure très similaire à la solution stationnaire. On note un maximum au centre de 83 watt/m.

Dans la suite nous présentons quelques résultats donnés par l'approche Satran à l'instant final en comparaison avec les résultats d'un calcul Fastsim en roulement stationnaire.

SATRAN à l'instant final   **FASTSIM stationnaire**

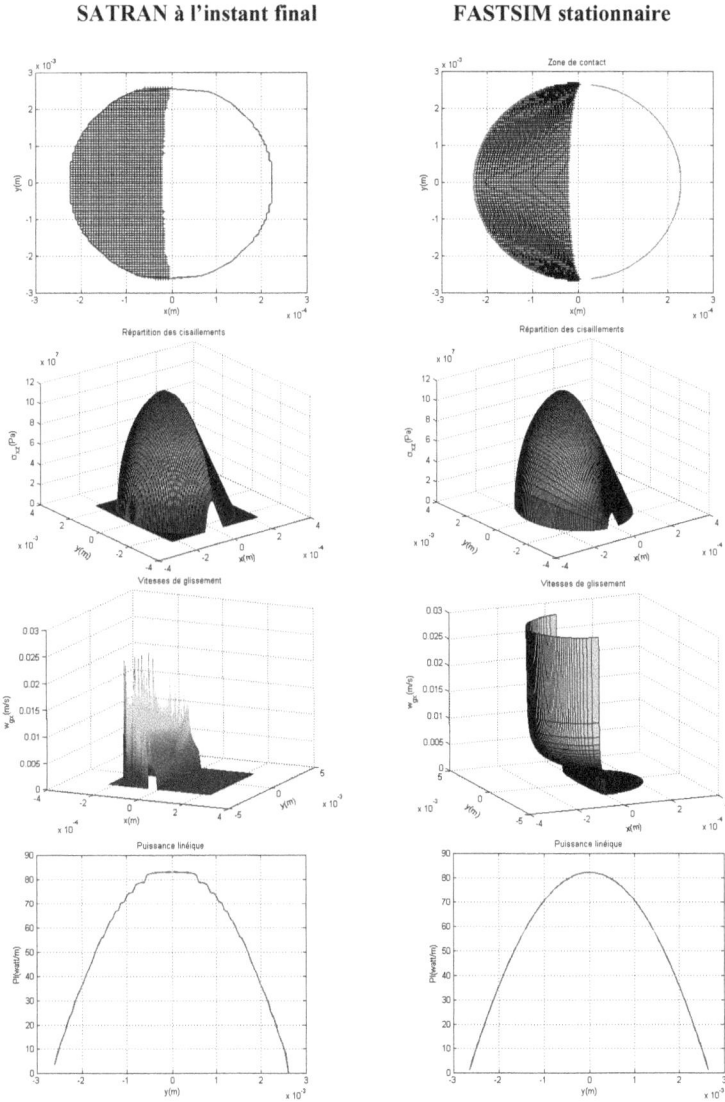

Figure 3.14. Comparaison SATRAN/ FASTSIM stationnaire

Les résultats de la figure ci-dessus montre une très bonne concordance entre la présente approche SATRAN à l'instant final et l'approche simplifiée Fastsim en stationnaire : les zones de contact sont identiquement partitionnées, les efforts de cisaillement sont très similaires et présentent le même aspect dans les deux cas, ils sont linéaires dans la zone d'adhérence puis saturent suivant la loi de Coulomb, les vitesses de glissement sont un peu chaotiques par la première approche mais présentent tout de même la même allure que par Fastsim. En effet, les sauts de vitesses apparaissent à l'entrée dans la zone de saturation, de plus nous constatons une tendance asymptotique vers l'infini au voisinage du bord de fuite vu le choix d'une répartition elliptique de pression dans la modélisation. Enfin, la puissance linéique dissipée à l'interface obtenue par Satran est bien lisse et présente la même forme que celle donnée par Fastsim. Nous enregistrons un écart de 2% seulement entre les maximums des puissances linéiques.

La puissance totale dissipée par Satran tend à l'instant final vers la valeur obtenue par un calcul stationnaire et l'écart obtenu est de l'ordre de 1%.

On peut donc conclure que Satran donne de bons résultats dans le cas particulier du roulement stationnaire et qu'il est capable de décrire l'évolution des paramètres au cours du temps d'une façon similaire à ce qu'on rencontre souvent dans la littérature. Cependant, il faut noter que dans notre modélisation, la dynamique du galet n'est pas prise en compte. En effet, l'état des cisaillements aux premiers instants décrit dans la figure 3.8 ne miroite pas ce qui se passe concrètement. En réalité, le galet qui était initialement en repos se trouve brusquement entraîné à la rotation par le rondin, il va donc démarrer en transmettant un effort tangentiel maximal déjà saturé. Ce qui se traduit à l'échelle microscopique par une zone de contact glissante au départ.

Dans le prochain paragraphe, nous montrerons comment introduire l'aspect dynamique dans la modélisation et nous discuterons son influence sur les résultats trouvés.

3.2.2 Prise en compte de la dynamique du galet dans la modélisation

Soit l'exemple de contact transitoire galet/rondin décrit ci-dessus. Dans la précédente résolution, nous avons considéré un pseudoglissement longitudinal constant au cours du temps. Ce paramètre peut être mesuré en pratique si on impose les vitesses de rotation respectives des deux solides ω_g et ω_r. Dans ce cas, le taux de glissement ν_x peut être calculé comme suit :

$$\nu_x = \frac{R_{xr}\omega_r - R_{xg}\omega_g}{R_{xr}\omega_r} = 1 - \frac{R_{xg}\omega_g}{R_{xr}\omega_r} \qquad (3.24)$$

Ce paramètre est nul lorsque les termes $R_r\omega_r$ et $R_g\omega_g$ sont égales, on parle dans ce cas d'un état de roulement sans glissement ou encore roulement pur *[KAL 67]* qui se traduit à l'échelle locale par l'existence d'une zone de contact parfaitement collante. Dans le cas contraire ($R_r\omega_r \neq R_g\omega_g$), le roulement s'accompagne d'un glissement partiel ne permettant pas de détecter le glissement à l'échelle macroscopique de la mécanique des solides. Lorsque le taux de glissement est non nul, une zone de glissement se forme dans l'aire de contact et devient de plus en plus grande lorsque ν_x augmente. Soit ν_x^* la valeur de pseudoglissement pour laquelle le glissement domine complètement la zone de contact. Dans ce cas, les cisaillements sont saturés et l'effort tangentiel total vaut μF.

$$0 \leq \nu_x < \nu_x^* \Rightarrow T = \iint_C \tau_{xz} dx dy < \mu F$$
$$\nu_x > \nu_x^* \Rightarrow T = \mu \iint_C p(x,y) dx dy = \mu F \qquad (3.25)$$

Dans notre exemple, le taux de glissement v_x n'est pas, en réalité, une donnée du problème puisqu'on impose uniquement la vitesse de rotation du rondin. La vitesse du galet est à priori inconnue. Il faut donc pouvoir accéder au calcul de cette dernière pour déterminer le pseudoglissement v_x qui va nous permettre de résoudre le problème tangent du contact roulant en régime non stationnaire.

Pour répondre à ce besoin, une manière de raisonner consiste à isoler le galet et d'écrire le principe fondamental de la dynamique (PFD) qui s'énonce comme suit :

$$- I_g \dot{\omega}_g = -R_{xg} T + C_t \tag{3.26}$$

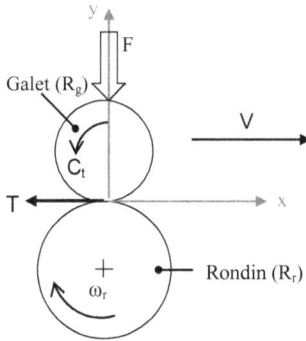

Figure 3.15. Schématisation du contact galet/rondin.

où I_g est le moment d'inertie du galet et C_t son couple résistant dû aux frottements internes dans les flasques d'étanchéité. Des essais de mesure de ce couple ont été réalisés à la plate forme technologique de l'Université de Marne la Vallée. Nous avons pu estimer une moyenne pour la traînée du galet équivalente à 0,05 N.m. La masse du galet utilisé dans l'essai est de 190 g, soit un moment d'inertie I_g égal à $3,8.10^{-5}$ Kg.m^2.

Pour pouvoir établir la loi horaire qui gouverne le mouvement du galet, on doit considérer les conditions initiales suivantes :

$$\begin{cases} Galet\ initialement\ au\ repos & \omega_g(t_1) = 0 \quad \Rightarrow \quad v_x(t_1) = 1 \\ Condition\ de\ glissement & T(t_1) = \mu F \end{cases} \tag{3.27}$$

Ensuite pour calculer l'accélération du galet à l'instant t_2, on utilise le PFD donné par l'équation (3.26). La vitesse du galet peut alors être calculée par le schéma d'Euler explicite. Cela nous permet de déterminer le pseudoglissement $v_x(t_2)$ par l'équation (3.24). Sur la figure ci-dessous, nous présentons la démarche de résolution du modèle dynamique proposé.

Données
· Description géométrique et élastique
· Effort normal, vitesse imposée
· Aire de contact, répartition de pression
· Temps d'intégration t = N.Δt
+
Conditions initiales à t = t₁.

$$\dot{\omega}_g(i+1) = \frac{R_{xg}T(i) - C_t}{I_g}$$

$$\omega_g(i+1) = \omega_g(i) + dt.\dot{\omega}_g(i)$$

$$v_x(i+1) = 1 - \frac{R_{xg}\omega_g(i+1)}{V}$$

Satran : résolution du problème tangent

⟹ T(i+1)

sinon   si (i+1) = N

FIN

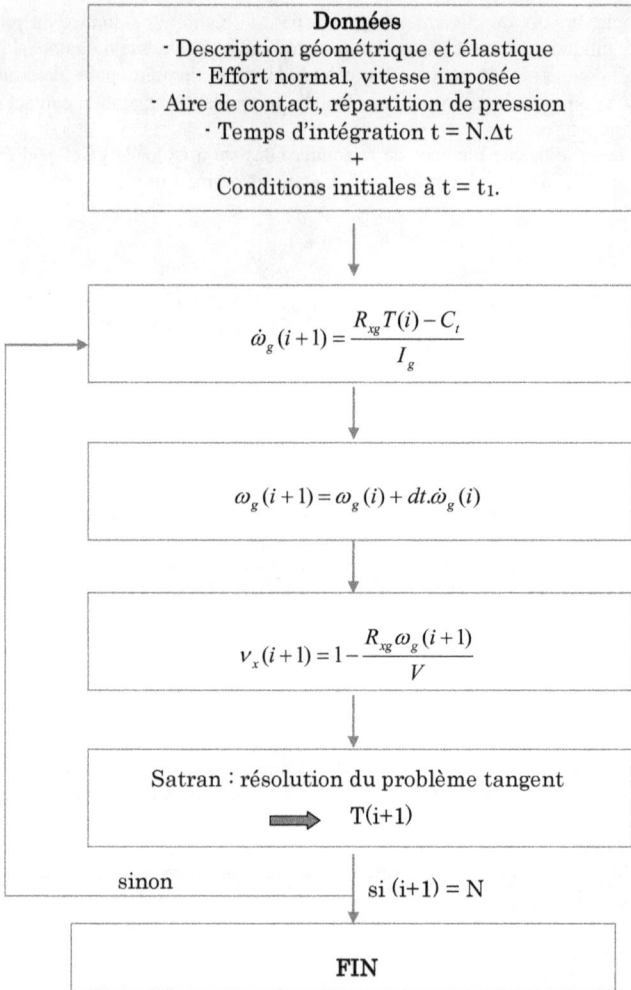

Figure 3.16. Schéma de résolution

Pour tester la fiabilité de ce schéma, un cas simple de contact galet/rondin est considéré. Dans cet exemple, on suppose que la vitesse d'avancement du rondin est constante et vaut 2 m/s. L'effort normal F de contact est de 1500 N et la géométrie des corps en contact est la même que l'exemple précédent. Les découpages suivant x et y de la zone de contact obtenue sont respectivement M x N = 40 x 40, soit un rapport dx/V faible ($5{,}72.10^{-6}$ s). Dans le calcul, on considère un pas d'intégration Δt valant 2.10^{-6} s pour assurer la stabilité du schéma d'intégration numérique, soit 1000 discrétisations en temps. Les résultats sont présentés ci dessous.

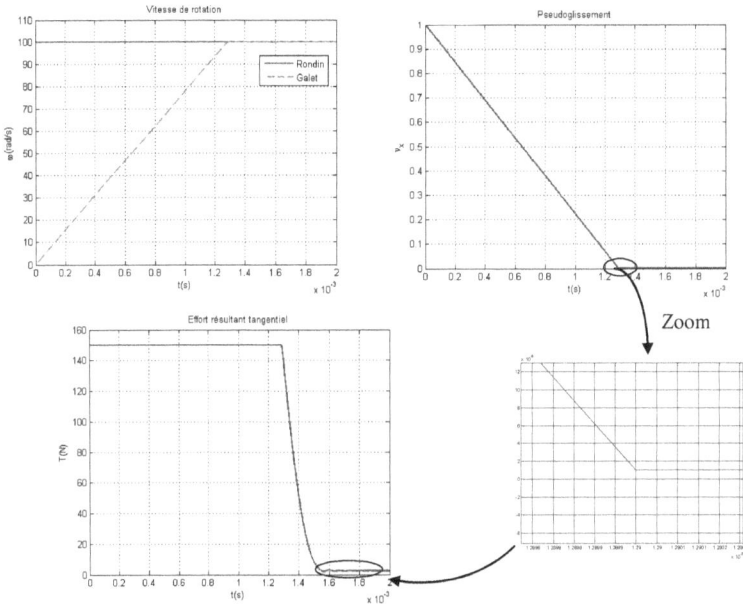

Figure 3.17. Résultats numériques.

Sur la figure ci-dessus, nous représentons les résultats de la résolution par le modèle dynamique. Le passage transitoire du galet est caractérisé par une vitesse initialement nulle comme l'imposent les conditions limites du problème puis progressive avec une accélération constante jusqu'à atteindre la vitesse imposée par le rondin à t = 1,3 ms. Durant la phase d'accélération, l'effort tangentiel est maximal et vaut μF, ce qui correspond à l'échelle macroscopique de la mécanique des solides à un état de glissement pur du galet par rapport au rondin. Cela se traduit par un pseudoglissement fort à l'échelle locale de la mécanique du contact comme le montre la figure de droite de la première ligne. Quand la vitesse de rotation du rondin est atteinte, le pseudoglissement devient très faible mais non nul (de l'ordre de 10^{-6}) et la résultante des efforts tangentiels chute brutalement à presque zéro, une chute marquée par un aspect lisse dû au couplage entre les instants dans la résolution par Satran. Notons que pour garantir le réalisme des résultats obtenus, nous avons introduit une condition supplémentaire qui consiste à assurer que la vitesse de rotation du galet reste inférieure à la vitesse imposée.

Bien que la discrétisation spatiale adoptée dans ce calcul n'est pas très fine, il nous a fallu au minimum 3 minutes de temps calcul. Cette lenteur est due au principe de résolution de l'approche proposée qui consiste à conditionner d'une part le pas d'intégration temporel du schéma numérique associé à l'équation principale du problème transitoire et d'autre part le pas de temps associé à un deuxième schéma numérique différent figurant dans le processus dynamique de la méthode. Cette contrainte numérique rend l'approche transitoire dynamique lente et sujette aux erreurs de convergence. Dans le cas de Fastsim, la notion du temps est absente pour la résolution du problème complet à un instant donné et le découpage est uniquement spatial, ce qui rend la résolution beaucoup plus rapide. Dans le but d'étudier l'influence du terme non stationnaire sur les résultats, la même démarche de résolution est adoptée en substituant le modèle Satran par Fastsim dans le cas stationnaire. Les résultats sont récapitulés ci-dessous.

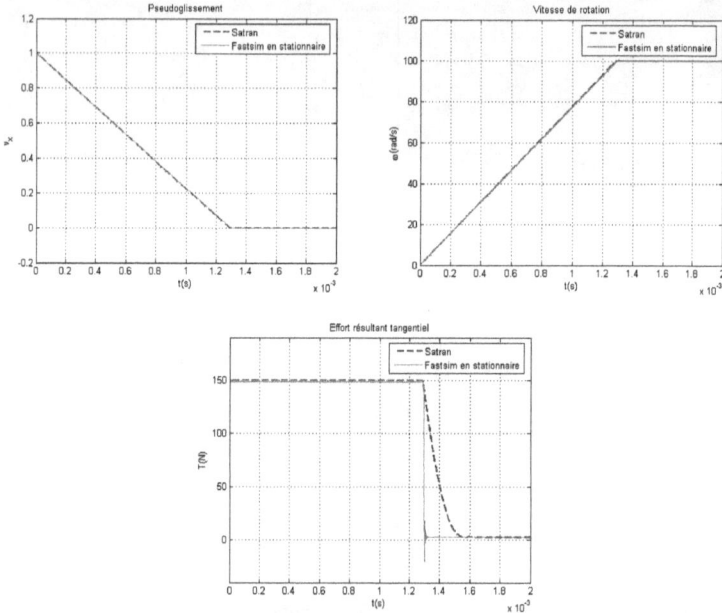

Figure 3.18. Comparaison Satran/Fastsim en stationnaire

Les résultats du modèle dynamique utilisant Fastsim en stationnaire présentent une bonne similitude avec les résultats de la figure 3.16. En effet, les allures et les amplitudes des vitesses de rotations du galet ainsi que des efforts tangentiels résultants sont très similaires. On peut tout de même noter une différence entre les deux efforts tangentiels résultants quand la rotation du galet tend à se stabiliser. Cette différence est perçue sur une plage de $0,2.10^{-3}$ s, soit le 1/10 de l'intervalle d'étude mais ne biaise pas le résultat final de la puissance linéique dissipée qui reste très proche de la solution donnée par une succession de Fastsim. Notons que dans le deuxième cas de résolution, nous considérons une succession de Fastsim en stationnaire, ainsi le résultat obtenu à l'instant actuel n'est pas influencé par celui de l'instant précédent à cause de l'absence de l'interaction donnée par le terme additif transitoire. Cela explique le caractère aigu au niveau de la résultante des efforts tangentiels qui chute très rapidement au moment où la phase de roulement pur est atteinte. Remarquons aussi que contrairement au modèle précédent, les résultats obtenus sont « naturellement » réalistes et la dynamique du système n'est pas forcée par le rajout de conditions supplémentaires.

Cette comparaison montre la faible contribution du terme non stationnaire dans la description transitoire des paramètres sorties du problème. De plus, il faut souligner que la seconde variante de résolution est au minimum 120 fois plus rapide que la première. Cela milite pour le choix d'une telle approche pour la résolution du problème de contact en roulement transitoire. Les résultats de cette résolution nous serviront de base pour la simulation de l'usure superficielle au cours du roulement.

Afin de compléter cette approche simplifiée, nous présenterons dans le prochain paragraphe quelques résultats numériques de la simulation d'usure.

3.3 Simulation de l'usure dans le cas du contact galet/rondin

3.3.1 Réactualisation et diffusion du profil du rondin lors de l'usure

Dans ce qui suit et à titre d'application, nous considérons l'exemple hertzien du contact roulant galet/rondin en régime stationnaire. On suppose dans cette étude que la dureté du galet est plus importante que celle de l'éprouvette, en conséquence seul le profil usé du rondin sera visualisé. Des essais de mesure de dureté ont été réalisés au LMT-Cachan sur des rondins en acier 42 CrMo 4 *[CHE 00]* et une valeur de 700 MPa est considérée. Le coefficient d'usure k a été identifié grâce aux mesures et sa valeur est prise égale à $2,28.10^{-2}$.

Sur la figure suivante, nous présentons les profils initiaux des deux solides en contact.

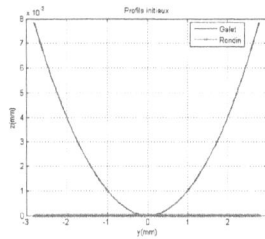

Figure 3.19. Profils initiaux des solides en contact

Dans notre étude, nous considérons un effort d'écrasement F égal à 1500 N, une vitesse de rotation du rondin ω_r de 1000 tours/min et un pseudoglissement longitudinal qu'on suppose constant lors du roulement $v_x = 0,001$. Avec ces données, la puissance linéique obtenue est non nulle, ce qui nous permet de quantifier l'incrément d'usure dz suite à un passage de galet. Cet incrément présente la même allure que la puissance linéique et sa valeur maximale notée au centre est très faible et vaut $1,06.10^{-6}$ mm. Afin de visualiser le profil usé, nous présentons les résultats obtenus au bout de 200 passages de galet. A titre indicatif, dans notre lexique nous désignerons par le mot « tour » un passage de galet et par « cycle » 200 passages.

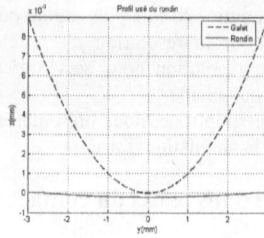

Figure 3.20. Profil usé du rondin

La figure ci-dessus montre le profil usé du rondin au bout de 200 tours du galet. Le rondin se creuse plus au centre mais la variation reste toute faible. On a pu relever un maximum d'usure au centre du contact valant $2,1.10^{-4}$ mm.

Le passage d'un tour à un autre nécessite la prise en compte des nouvelles données du problème autrement dit la réactualisation du profil du rondin après usure *[TEL 04]*. Cette étape est assurée en posant :

$$z_e(t + \Delta t) = z_e(t) - dz(t) \qquad (3.28)$$

où z_e est le profil de l'éprouvette.

Cette réactualisation génère des discontinuités au niveau de la distance entre les deux profils et par conséquent au niveau du rayon de courbure R_c qui en dérive. En effet, en observant la figure ci-dessus, on constate que le rayon de courbure du rondin creusé est plus grand que celui du galet ($R_{yg} = 500$ mm). Ainsi, la différence z entre les deux profils engendrera des discontinuités sur les bords de la plage creusée dans l'éprouvette qui peuvent à leurs tours transmettre des effets parasites aux résultats et s'amplifier au cours des cycles. Ce problème a été abordé par Sylvain Cloupet dans le cadre de sa thèse *[CLO 06]* et a proposé une méthode de régularisation du profil par une fonction en tangente hyperbolique. Pour illustrer ces constatations, nous présentons ci-dessous l'allure du rayon de courbure après 1 passage de galet ainsi que l'incrément d'usure obtenu.

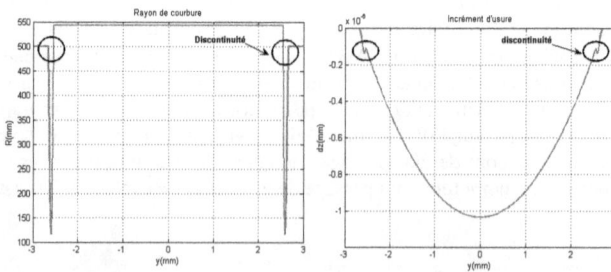

Figure 3.21. Discontinuités au niveau du rayon de courbure (gauche) et l'incrément d'usure (droite).

On constate clairement qu'au niveau de la zone creusée, le rayon de courbure a augmenté. En revanche, sur les bords du contact l'éprouvette garde son profil initial et le rayon de courbure du galet est ainsi retrouvé. Les zones de transitions situées aux extrémités de l'aire de contact présentent de fortes discontinuités qui se transmettent au profil usé. Une manière de compenser cette imperfection est d'utiliser la méthode des éléments diffus présentée au chapitre 2 pour lisser ce profil. Ainsi, à la fin de chaque cycle on diffuse la différence des profils neufs, on calcule ensuite la pente γ correspondante qui correspond à la première dérivée du profil diffusé et enfin le rayon de courbure R_c par la relation suivante :

$$R_c = \frac{(1+\gamma)^{3/2}}{z_d''}$$

(3.29)

avec z_d est la distance diffusée entre les deux solides.

Nos travaux antérieurs sur la diffusion *[CHE 06, EDD 05]* ont montré qu'il existe un coefficient de diffusion optimal C* variant peu aux alentours de 5 qui permet de résoudre le problème complet du contact avec une bonne approximation en comparaison avec la méthode exacte. Ainsi, nous allons de cette manière compléter notre approche simplifiée SHAD présentée au chapitre précédent en y introduisant le modèle d'Archard pour la simulation de l'usure et en assurant entre les cycles une étape de réactualisation puis de lissage du profil usé. Dans le suite, nous noterons par SHADUS l'approche SHAD incluant le modèle de simulation d'usure.

Sur le schéma suivant, nous décrivons les grandes étapes de l'algorithme de simulation de l'usure qu'on appellera SHADUS.

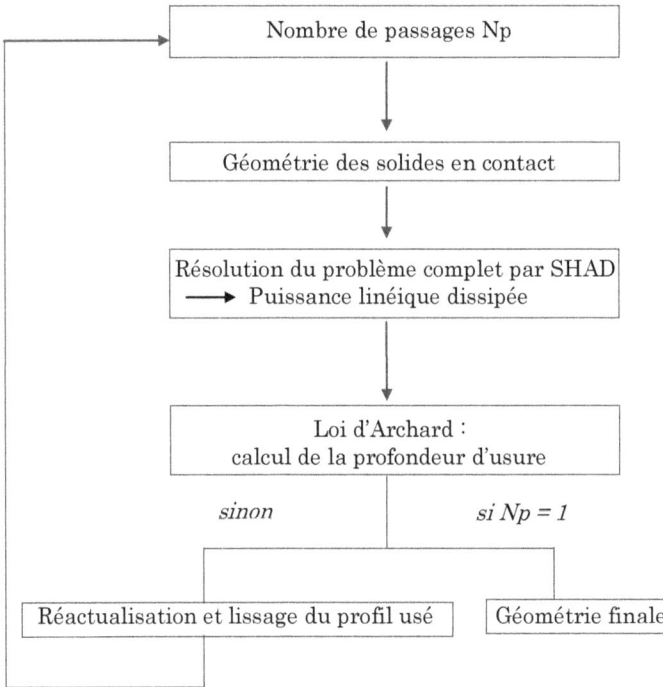

Figure 3.22. Algorithme de simulation de l'usure SHADUS.

3.3.2 Quelques résultats numériques de l'approche SHADUS

Dans ce paragraphe, nous présentons quelques résultats de simulation de l'usure dans le cas du contact galet/rondin en utilisant l'approche SHADUS. Dans ce calcul nous avons considérons 20 cycles de roulement, soit 20 x 200 tours de galet. Les résultats numériques sont récapitulés sur la figure ci-dessous.

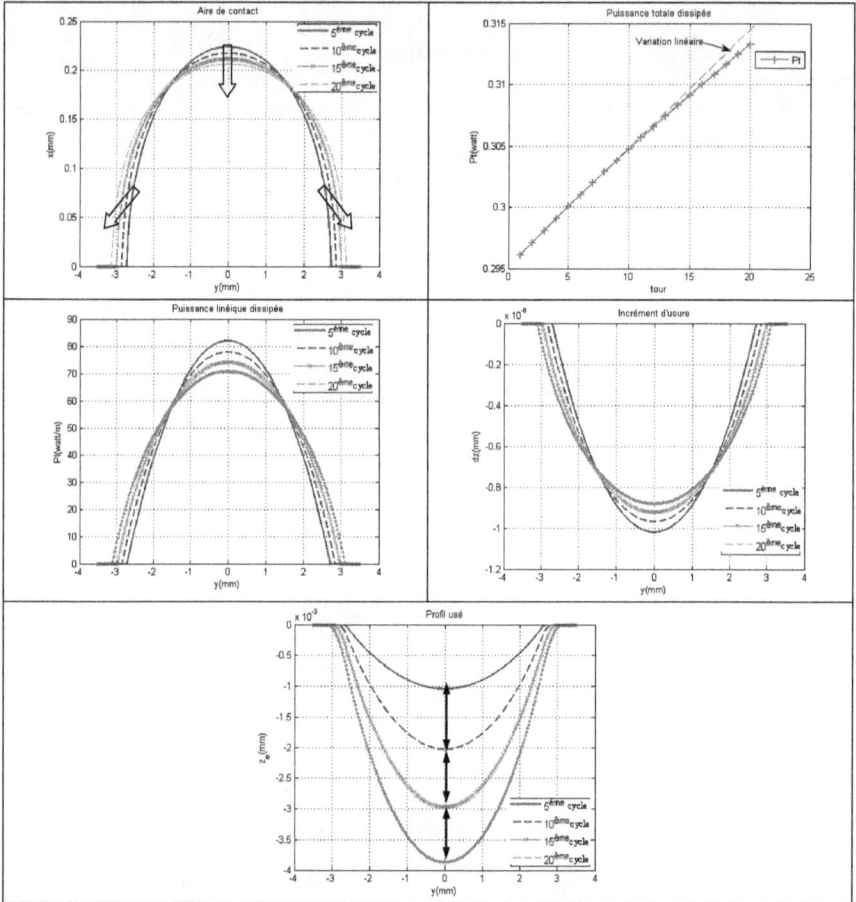

Figure 3.23. Résultats de SHDAUS.

La figure ci-dessus montre les résultats de la simulation dans le cas du contact galet/rondin en roulement stationnaire. Sur le premier graphe (à gauche), on représente la moitié de l'aire de contact obtenue au cours des passages des galets. On a pu constater que cette aire reste symétrique mais son ellipticité n'est pas parfaite lorsque le nombre de passage devient assez grand. De plus, on remarque qu'au cours des cycles la zone de contact s'élargit sur les bords (suivant y) et rétrécit faiblement suivant x. L'aire résultante est donc de plus en plus grande. La puissance totale dissipée augmente faiblement au cours des passages, son évolution est linéaire jusqu'au dixième tour puis s'infléchit légèrement, ce qui se traduit par une diminution de dissipation. La puissance linéique dissipée évolue au cours des tours en diminuant d'amplitude au centre et en s'élargissant sur les bords et les dissipations totales augmentent vue l'évolution de la puissance totale dissipée. La variation de l'incrément d'usure est semblable à la puissance linéique dissipée (Eq. 3.8), cette variation est de faible intensité et de l'ordre de quelques micromètres. Sur le graphe de la dernière ligne, nous présentons l'évolution du profil usé du rondin tout les 5 cycles. On peut noter que l'usure se propage également sur les bords puisque le contact s'élargit d'un passage à un autre. Ces résultats sont souvent observés dans l'expérimentation *[TEL 04]*. La profondeur d'usure augmente uniformément au cours des premiers tours puis on note une légère diminution qui apparaît au niveau du 20ème cycle.

La simulation de l'usure dans les contacts roulants en régime transitoire se fait selon le même principe. En effet, lorsque les paramètres donnés du problème varient au cours du temps, il convient de déterminer à chaque instant les résultats du problème complet de contact à savoir l'aire de contact, la répartition de pression, les efforts tangentiels et les vitesses de glissement. L'approche semi hertzienne avec diffusion SHAD est utilisée pour la résolution du problème complet du contact car elle permet de tenir compte de la variation de la géométrie de contact au cours des cycles de roulement. Ainsi, à chaque pas de temps nous pouvons déterminer la puissance linéique dissipée par contact et simuler l'usure par la loi d'Archard pour différents passages du galet. En d'autres mots, nous allons envisager une succession de l'algorithme SHADUS dans le cas transitoire afin de décrire l'évolution de l'usure au cours du temps.

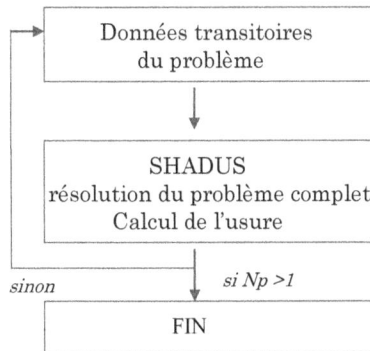

Figure 3.24. Algorithme de simulation de l'usure dans le cas du contact transitoire.

Pour illustrer cette idée, on a repris l'exemple du contact galet/rondin traité au paragraphe 3.2.2 avec prise en compte de la dynamique du galet. Dans cet exemple, on a considéré la phase du roulement transitoire du galet qui correspond aux instants $t < 1,3.10^{-3}$ s. Le calcul d'usure est effectué pendant le premier passage du galet qui est à l'origine du fort glissement. Sur la figure 3.24, nous reproduisons l'évolution du profil usé du rondin pour différents instants de la phase transitoire.

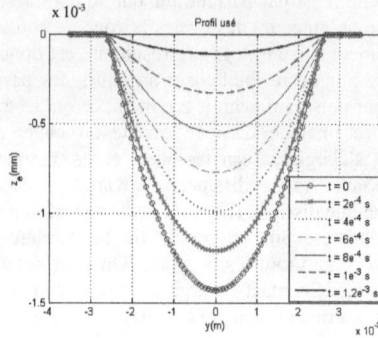

Figure 3.25. Evolution du profil usé du rondin pendant la phase transitoire

On peut constater qu'à chaque instant t correspondant à une position précise sur la piste du rondin, l'usure décroît étant donnée la décroissance du taux de glissement au cours du roulement (Figure 3.17). Nous notons un rapport de 12 entre les maximums des profils usés aux instants initial et final.

Dans le cadre des applications industrielles, cet algorithme de simulation de l'usure sera adapté dans le prochain chapitre à l'exemple de la machine de soufflage des bouteilles plastiques SBO16 commercialisée par SIDEL.

Conclusion

Dans ce chapitre, nous avons présenté un modèle simplifié et rapide SHADUS basé sur l'algorithme de kalker Fastsim. Ce modèle permet dans un premier temps de résoudre le problème complet de contact roulant en régime transitoire dans le cas des solides hertziens et non hertziens. Testé sur un cas critique d'un contact transitoire, les résultats obtenus sont très satisfaisants. Le réalisme de cette méthode est assuré par sa prise en compte la dynamique du système dans la modélisation. Ainsi, nous sommes capables de déterminer à chaque pas temps la traînée du galet au cours du roulement et étudier son influence sur l'évolution des cisaillements et des vitesses de glissement agissant dans la zone de contact.

Cette approche dynamique est ensuite complétée par le rajout du modèle d'Archard pour la simulation de l'usure générée par glissement du galet. La profondeur d'usure est reliée linéairement à la puissance linéique dissipée, elle est aussi fonction des propriétés mécaniques du matériau et de la vitesse du renouvellement de contact. Pour assurer le passage d'un cycle à l'autre, nous réactualisons après chaque passage le profil usé servant de donnée pour la détermination de la nouvelle zone de contact. Le recours à la diffusion pour le lissage des profils permet de camoufler les discontinuités « parasites » apparentes au niveau des résultats.

L'utilisation de la méthode semi hertzienne dans la modélisation est sécurisante car il faut prévoir qu'au cours du roulement cyclique, les courbures des solides en contact peuvent changer au voisinage du contact. Il faut donc disposer d'un outil de résolution général pour les différents cas de géométrie.

La simulation de l'usure dans le cas d'un contact roulant en régime transitoire est modélisée par une succession de SHADUS permettant ainsi de décrire pour une position donnée l'état d'usure en fonction du temps (ou également du nombre de passages du galet). Dans l'exemple industriel de la souffleuse SBO16 *[CHE 99]* des bouteilles plastiques, cette méthode simplifiée est adoptée pour la simulation de l'usure dans les pistes de roulement de la came d'ouverture/fermeture des moules qui fera l'objet de notre étude dans le prochain chapitre.

Chapitre 4

Sur l'application aux contacts non stationnaires des souffleuses

Introduction

Dans le chapitre précédent, nous avons développé une approche simplifiée capable de décrire le comportement dynamique de deux solides en contact en roulement non stationnaire. L'aspect transitoire dans le cadre du problème de contact roulant peut être observé dans de nombreuses applications industrielles. Il est donc important de pouvoir adapter les outils numériques aux soucis de l'industrie et d'être capable d'estimer le temps de vie des produits.

Dans ce chapitre, nous nous focaliserons sur l'exemple industriel de la souffleuse des bouteilles plastiques commercialisée par Sidel *[VIN 05]*. Dans le but de satisfaire leurs clients, les industriels cherchent à augmenter la cadence de production de ces machines. A architecture identique, l'augmentation des vitesses génère l'augmentation des efforts de contact du galet sur les pistes de roulement de la came d'ouverture/fermeture des moules *[CHE 00]*. Au fil du temps d'exploitation, cela peut générer l'usure et l'endommagement de la came et affecter ses propriétés mécaniques *[SOU 97]*. Une analyse cinématique et dynamique du système *[CHE 99]* permet de déterminer l'évolution de l'effort de contact moyennant quelques hypothèses simplificatrices assimilant les pièces à des corps rigides et les guidages à des liaisons parfaites. Nous avons pu constater que l'effort de contact exercé par la came sur le galet suit une loi horaire en fonction de la position angulaire du galet. De plus, le roulement se fait en régime non stationnaire. Le modèle simplifié proposé sera en conséquence adapté au système d'ouverture/fermeture des moules pour visualiser la variation au cours du temps des pressions, des efforts tangentiels et des vitesses de glissement.

Les composants de la machine ne sont pas parfaitement rigides et l'évaluation précise des efforts dans le système nécessite la prise en compte de leur déformation. Le comportement élastique peut induire des vibrations dans le système et influencer l'évolution de l'usure au cours du temps. Dans la seconde partie de ce chapitre, nous analyserons l'influence de la flexibilité sur l'évolution de l'effort normal de contact.

4.1   Etude du cas industriel : Machine de soufflage SBO16

4.1.1   Analyse cinématique et dynamique de la souffleuse SBO16

La souffleuse SBO16 est une machine conçue pour fabriquer des bouteilles en plastique par soufflage dans des préformes injectées préalablement ramollies. Cette machine est constituée de 16 moules montés sur un carrousel tournant. Elle comprend une alimentation en préformes, un four linéaire de réchauffage, un transfert des préformes, un carrousel tournant et une évacuation des bouteilles soufflées. L'opération de soufflage dans la préforme se fait à l'intérieur des moules portefeuilles placés dans des unités enveloppantes à verrouillage intégré *[CHE 00]*. Une fois la préforme placée à l'intérieur du moule, ce dernier se ferme en se verrouillant et le nez de soufflage permet le guidage de la cane de soufflage à l'intérieur de la préforme pour assurer un étirage axial puis radial sous une pression contrôlée jusqu'à l'obtention de la forme désirée. Le déverrouillage du moule a ensuite lieu pour permettre l'évacuation de la bouteille soufflée (Figure 4.1).

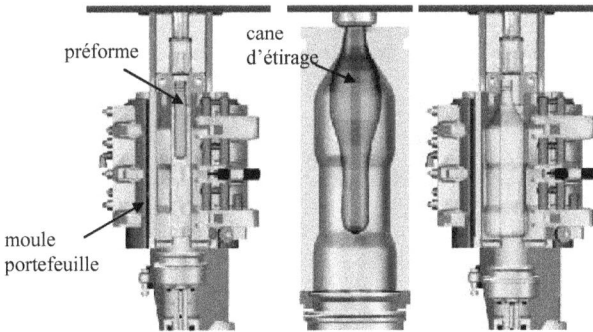

Figure 4.1. Etapes de la fabrication d'une bouteille par la SBO16

Un tour de carrousel dure 3 secondes, nous déduisons la vitesse de rotation du carrousel :

$$\omega_{10} = \dot{\theta}_{10} = \frac{1}{3} = 20 \; tours \, / \min \tag{4.1}$$

16 moules sont montés sur ce carrousel pour permettre la fabrication de 16 bouteilles par tour. La cadence de production de la souffleuse SBO16 est donc de 19200 bouteilles par heure.

Seul un quart de tour est consacré aux phases d'ouverture et fermeture des moules, les trois quarts restants sont prévus pour les opérations de soufflage et de refroidissement de la bouteille (Figure 4.2).

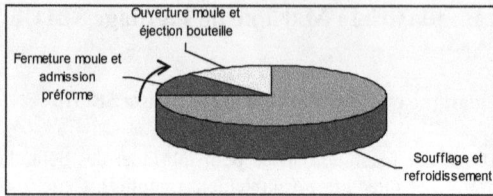

Figure 4.2. Un tour de carrousel

4.1.1.1 Géométrie de la came

Sur la figure 4.3, nous présentons le schéma cinématique du système ouverture/fermeture moule. Comme son nom l'indique, ce système permet l'ouverture et la fermeture des moules pour assurer l'admission des préformes et l'éjection des bouteilles soufflées. Il est constitué d'un carrousel tournant sur lequel sont montés 16 moules. L'ouverture et la fermeture des moules sont effectuées grâce à un levier de commande qui pousse ou tire sur des biellettes en fonction du mouvement transmis en leur point d'articulation.

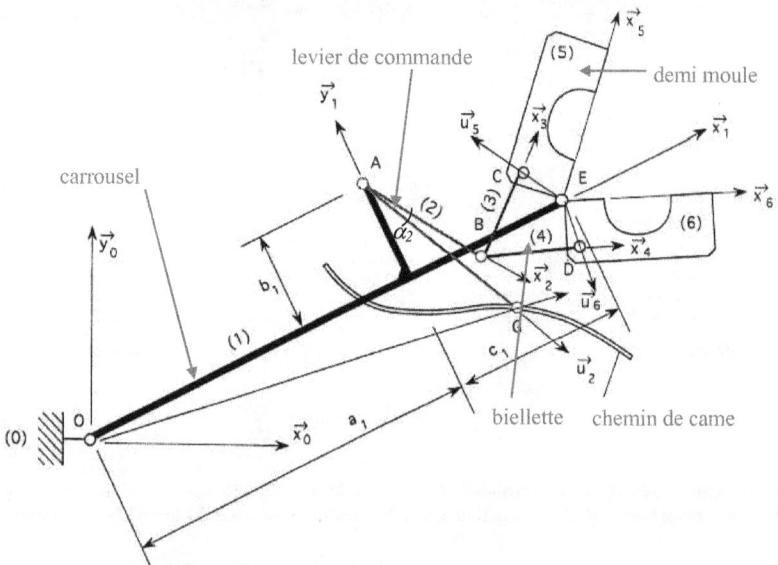

Figure 4.3. Schéma cinématique du système d'ouverture/fermeture moule de la SBO16

Le chemin de came détermine le mouvement du galet en contact roulant sur celle-ci. Ce mouvement est récupéré au point B. Ainsi, la forme géométrique de la came contrôle l'ouverture et la fermeture du moule. La came présente une forme évasée à l'entrée. On peut distinguer deux portions angulaires presque égales qui correspondent aux phases de fermeture et d'ouverture. A l'entrée du galet dans la came, les moules qui étaient au repos commencent à s'ouvrir avec une vitesse accélérée puis ralentissent pour éviter l'effet de choc en fin d'ouverture. Une fois la bouteille éjectée et la préforme introduite, la deuxième phase démarre avec une vitesse accélérée puis décélérée jusqu'à atteindre la position fermée. Les phases d'ouverture et de fermeture seront visualisées ultérieurement dans le cadre d'une étude cinématique du système. Nous désignons respectivement par R_f, R_o les rayons de la came pour le moule fermé et le moule ouvert et par φ_{cf} et φ_{co} les secteurs angulaires décrits par le galet sur la came durant les deux phases : fermeture et ouverture.
$R_f = 854.13$ mm, $\varphi_{cf} = 28°$ et $R_o = 795.41$ mm, $\varphi_{co} = 29°$

La came fixe par rapport au bâti « O » est décrite par le point G et est représentée par sa ligne moyenne :

$$OG = R(\varphi) \qquad\qquad (4.2)$$

Pour représenter une accélération nulle au départ, puis positive et ensuite négative avant de revenir à zéro de manière continue, on peut retenir une fonction sinusoïdale :

$$R''(\varphi) = A\sin(\lambda\varphi) \Rightarrow R(\varphi) = -\frac{A}{\lambda^2}\sin(\lambda\varphi) + B\varphi + C \qquad\qquad (4.3)$$

A, B, C et λ des constantes déterminées à partir des conditions du problème :
- Accélérations initiales et finales nulles.
- Vitesses initiales et finale nulles.
- Rayon initial et final de la came.

Cela nous conduit à une came cycloïdale complètement définie par les deux tronçons d'équations :

$$
\begin{aligned}
\text{Ouverture} &\Rightarrow R(\varphi) = R_f + (R_o - R_f)\left\{\frac{\varphi}{\varphi_{co}} - \frac{1}{2\pi}\sin(2\pi\frac{\varphi}{\varphi_{co}})\right\} \\[2mm]
\text{Fermeture} &\Rightarrow R(\varphi) = R_o + (R_f - R_o)\left\{\frac{\varphi - \varphi_{co}}{\varphi_{cf}} - \frac{1}{2\pi}\sin(2\pi\frac{\varphi - \varphi_{co}}{\varphi_{cf}})\right\}
\end{aligned}
\qquad (4.4)
$$

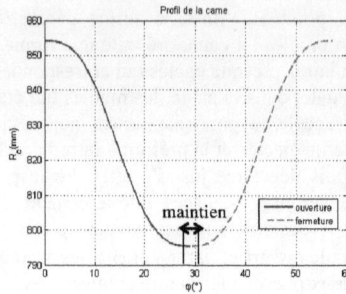

Figure 4.4. Profil de la came pendant la fermeture
et l'ouverture des moules.

La connaissance du rayon polaire de la came permet d'accéder au rayon de courbure ρ de la came. En effet, le vecteur tangent à la came est donné par l'équation :

$$\vec{t} = \frac{d\overrightarrow{OG}}{ds} = \frac{d(R(\varphi)\vec{e}_r)}{ds}$$

$$= \frac{R'(\varphi)}{\sqrt{R'^2(\varphi) + R^2(\varphi)}}\vec{e}_r + \frac{R(\varphi)}{\sqrt{R'^2(\varphi) + R^2(\varphi)}}\vec{e}_\varphi \qquad (4.5)$$

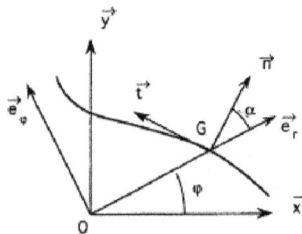

Figure 4.5. Repérage du centre du galet

D'autre part, on a :

$$\vec{n} = \rho\frac{d\vec{t}}{ds} \Rightarrow \frac{1}{\rho} = \left\|\frac{d\vec{t}}{ds}\right\| \qquad (4.6)$$

Finalement, le rayon de courbure de la came est donné par :

$$\rho = \frac{(R'^2(\varphi) + R^2(\varphi))^{3/2}}{R''(\varphi)R(\varphi) - 2R'^2(\varphi) - R^2(\varphi)} \qquad (4.7)$$

Ouverture   **Fermeture**

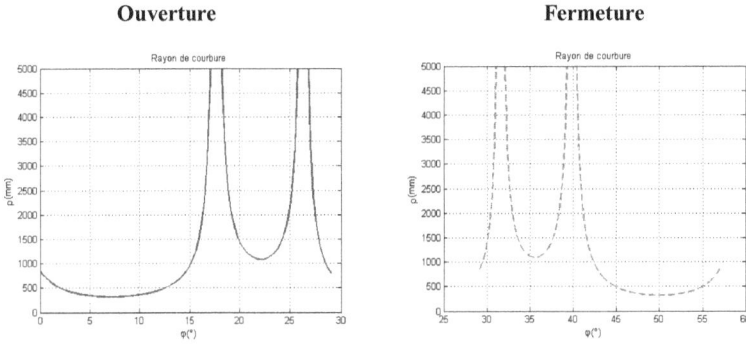

Figure 4.6. Rayons de courbure de la came pendant l'ouverture

et la fermeture des moules

On peut déduire l'angle α que fait la normale à la came avec le vecteur OG :

$$\alpha = \arccos\left(\frac{R(\varphi)}{\sqrt{R'^2(\varphi) + R^2(\varphi)}}\right) \qquad (4.8)$$

4.1.1.2 Système d'ouverture/fermeture moule

Une étude cinématique du mécanisme d'ouverture/fermeture moule a été réalisée dans *[CHE 99]* pour déterminer l'effort normal de contact came/galet. Dans cette étude, toutes les pièces sont rigides et les liaisons sont supposées parfaites. Trois fermetures géométriques nous ont permis de déterminer la loi horaire de mouvement de chaque pièce de ce système. Nous allons brièvement exposer les résultats issus de chaque fermeture.

D'abord, nous allons définir des bases locales relatives à chaque pièce x_i, y_i, z, on note par θ_{i0} l'angle que fait la base locale avec la base globale x, y, z d'origine fixe O liée au bâti. Les bases u_i, v_i, z sont les secondes bases locales, elles font un angle θ'_{i0} avec la base principale et un angle α_i avec les premières bases locales.

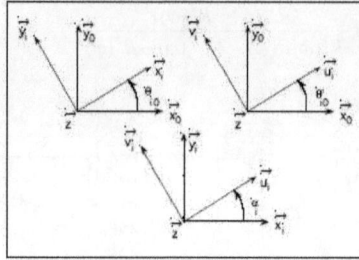

Figure 4.7. Différentes bases utilisées dans le système
d'ouverture/fermeture moule.

Les différentes pièces de la figure 4.3 sont numérotées de 0 à 6 et on peut définir les longueurs suivantes :

$$AB = l_2 \qquad AG = L_2 \qquad BC = l_3 \qquad BD = l_4 \qquad EC = l_5 \qquad ED = l_6$$

Les caractéristiques géométriques du demi moule (5) sont données sur la figure suivante, celles du demi moule (6) sont obtenues d'une manière analogue :

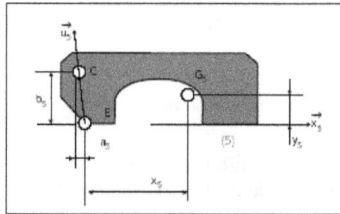

Figure 4.8. Caractéristiques géométriques du demi moule (5)

L'angle α_5 est tel que :

$$\alpha_5 = \frac{\pi}{2} + \arctan(\frac{a_5}{b_5}) \tag{4.9}$$

Les mesures des longueurs en mm et des angles en radian effectuées sur la SBO16 sont résumées dans le tableau suivant :

a_1	b_1	c_1	l_2	L_2	l_3	l_4	l_5	l_6	α_5	α_6	α_2
820	91	146	95	120	140	140	90	90	1.68	-1.68	0.012

Tableau 4.1. Caractéristiques géométriques

L'angle α_2 est un paramètre de réglage de la machine. Il est réglé de telle sorte que le moule soit en position fermée en début d'ouverture ou en fin de fermeture. Il est pratiquement nul.
Dans le tableau suivant, nous récapitulons les résultats de la cinématique du système obtenus par l'étude de trois fermetures géométriques. Nous notons par θ_{i1} la rotation de la pièce (i) par rapport au carrousel.

Fermetures géométriques	Résultats
OAG	φ donné $\Rightarrow \theta_{10}(\varphi) = \varphi - 2a\tan\left(\left(-B - \sqrt{B^2 - AC}\right)/A\right)$ avec $\begin{cases} A = R_c^{\,2} + a_1^2 + b_1^2 - L_2^2 + 2a_1R_c \\ B = -2b_1R_c \\ C = R_c^{\,2} + a_1^2 + b_1^2 - L_2^2 - 2a_1R_c \end{cases}$ $\theta'_{21} = \arccos\left\{\dfrac{R(\varphi)\cos(\varphi - \theta_{10}) - a_1}{L_2}\right\} \Rightarrow \theta_{21} = \theta'_{21} - \alpha_2$
ABCE	$\theta'_{51} = 2\arctan\left\{\dfrac{-B_1 - \sqrt{B_1^{\,2} - A_1C_1}}{A_1}\right\} \Rightarrow \theta_{51} = \theta'_{51} - \alpha_5$ avec $\begin{cases} A_1 = X^2 + Y^2 + l_5^{\,2} - l_3^{\,2} - 2Xl_5 \\ B_1 = -2Yl_5 \\ C_1 = X^2 + Y^2 + l_5^{\,2} - l_3^{\,2} + 2Xl_5 \\ X = c_1 - l_2\cos\theta_{21} \\ Y = b_1 + l_2\sin\theta_{21} \end{cases}$ $\theta_{31} = \arccos\left\{\dfrac{X(\theta_{21}) + l_5\cos(\theta'_{51})}{l_3}\right\}$
ABDE	$\theta'_{61} = 2\arctan\left\{\dfrac{-B_1 + \sqrt{B_1^{\,2} - A_1C_1}}{A_1}\right\} \Rightarrow \theta_{61} = \theta'_{61} - \alpha_6$ $\theta_{41} = -\arccos\left\{\dfrac{X(\theta_{21}) + l_6\cos(\theta'_{61})}{l_4}\right\}$

Tableau 4.2. Résultats de l'étude cinématique du système d'ouverture/fermeture moule

La détermination des rotations permet d'accéder au calcul des vitesses de rotations des moules ω_{51}, ω_{61} et aux accélérations pour l'étude dynamique.

Sur les graphiques ci-dessous, nous présentons quelques résultats de la cinématique du système d'ouverture/fermeture de la SBO16.

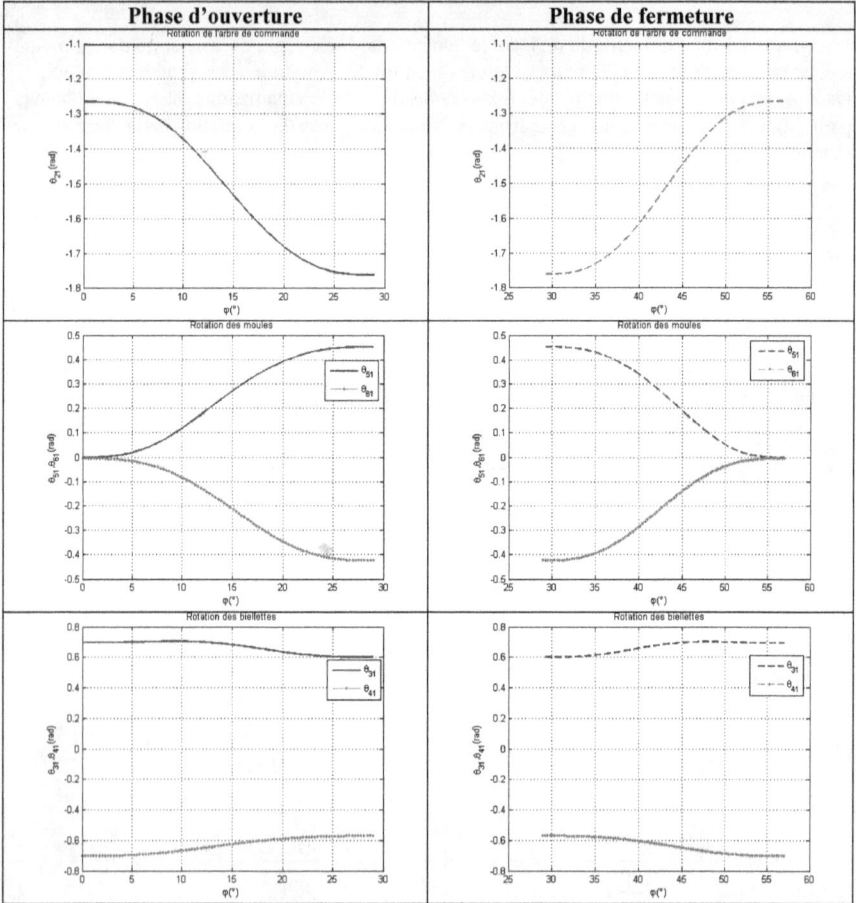

Figure 4.9. Résultats cinématiques

Les courbes données dans la figure 4.9 présentent toutes un point commun au niveau de leurs évolutions. En effet, nous pouvons constater que les rotations évoluent doucement au début et à la fin de chaque phase pour limiter ainsi les problèmes de choc. Cela justifie le choix d'une came de forme cycloïdale.

Dans la suite, nous allons nous servir de cette étude cinématique pour la détermination de l'effort de contact.

4.1.1.3 Effort de contact came/galet, solution double piste

Le principe fondamental de la dynamique est utilisé pour la détermination de l'effort de contact came → galet noté F. Les liaisons sont supposées parfaites et seule l'inertie des moules est prise en compte. On va d'abord isoler les moules (5) et (6) pour lesquels on écrit l'équation de moment par rapport au point E. Dans ce qui suit, nous allons nous contenter de présenter les principaux résultats trouvés.

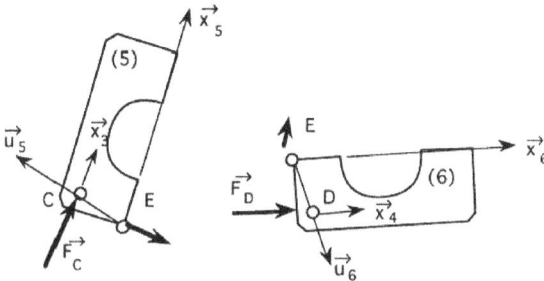

Figure 4.10. Isolement des moules (5) et (6)

Les caractéristiques de masse et d'inertie pour les moules (5) et (6) ainsi que les coordonnées des centres d'inertie G_5 et G_6 sont récapitulés dans le tableau suivant :

x_5	149.3 mm	x_6	117.98 mm
y_5	55.22 mm	y_6	-66.96 mm
m_5	58.02 Kg	m_6	45.6 Kg
I_5	2 139 024 Kg.mm^2	I_6	1 243 176 Kg.mm^2

Tableau 4.3. Caractéristiques des moules

Notons que les deux moules ne sont pas parfaitement symétriques car le moule (5) supporte tout le système de verrouillage ce qui rend son inertie plus importante.

En isolant le moule (5), l'effort F_C exercé par la biellette (3) sur le moule (5) est donné par :

$$F_C = -\frac{\dfrac{d\sigma_{E5}}{dt} + m_5(a_1 + c_1)\omega_{10}(\omega_{10} + \omega_{51})(x_5 \sin\theta_{51} + y_5 \cos\theta_{51})}{l_5 \sin(\theta'_{51} - \theta_{31})} \quad (4.10)$$

$$\sigma_{E5} = m_5(a_1 + c_1)\omega_{10}(x_5 \cos\theta_{51} - y_5 \sin\theta_{51}) + I_5(\omega_{10} + \omega_{51})$$

De même, l'effort F_D exercé par la biellette (4) sur le moule (6) s'écrit :

$$F_D = -\frac{\dfrac{d\sigma_{E6}}{dt} + m_6(a_1 + c_1)\omega_{10}(\omega_{10} + \omega_{61})(x_6 \sin\theta_{61} + y_6 \cos\theta_{61})}{l_6 \sin(\theta'_{61} - \theta_{41})} \tag{4.11}$$

$$\sigma_{E6} = m_6(a_1 + c_1)\omega_{10}(x_6 \cos\theta_{61} - y_6 \sin\theta_{61}) + I_6(\omega_{10} + \omega_{61})$$

L'équilibre de l'axe en B permet d'obtenir l'effort F_B, nous n'en tirons que la composante Y_B nécessaire pour la détermination de l'effort F entre la came et le galet.

$$\vec{F_B} + \vec{F_C} + \vec{F_D} = \vec{0}$$

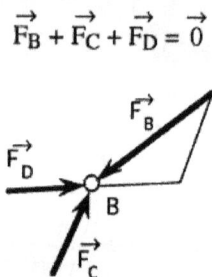

Figure 4.11. Equilibre de l'axe en B

$$Y_B = -F_C \sin(\theta_{31} - \theta_{21}) - F_D \sin(\theta_{41} - \theta_{21}) \tag{4.12}$$

Finalement, l'équilibre de l'arbre de commande (2) permet de tirer l'effort de contact F.

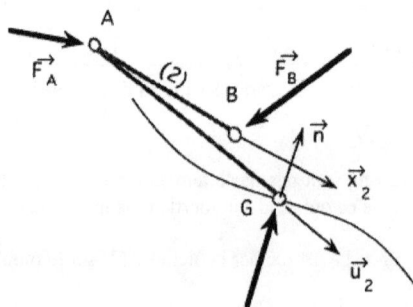

Figure 4.12. Equilibre du levier de commande

$$F = \frac{l_2 Y_B}{L_2 \sin(\varphi + \alpha - \theta'_{20})} \tag{4.13}$$

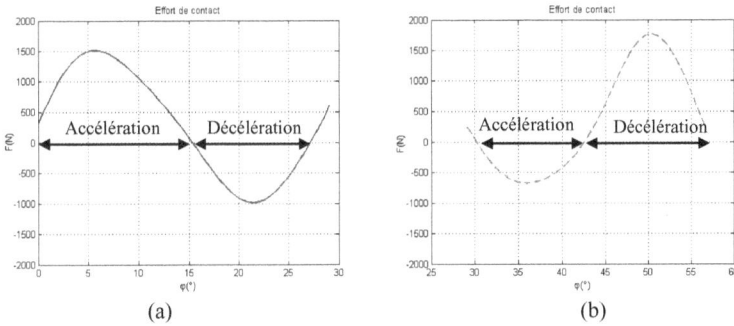

(a)

(b)

Figure 4.13. Effort de contact came/galet

(a) pendant l'ouverture, (b) pendant la fermeture

On peut constater d'après ces courbes une asymétrie de l'effort de contact entre les phases d'accélération et de décélération. Cette asymétrie, plus perceptible pendant la fermeture (F_{max} = 1880 N, F_{min} = -744 N), est due aux efforts centrifuges auxquels sont soumis les deux moules. Cela explique pourquoi l'effort de contact ne démarre pas de zéro, ni retourne à zéro pendant les phases d'ouverture et de fermeture.

Par ailleurs, on peut également observer un changement de signe au niveau de l'effort de contact pendant les courses d'ouverture et fermeture qui induit un changement de direction de l'effort et donc un changement de flanc de came pour le galet. Ce changement a des conséquences technologiques assez importantes. En effet, au moment du changement de flanc, le galet passe brutalement d'une vitesse de rotation élevée à une autre dans le sens inverse ce qui va engendrer de forts glissements du galet et déclencher le phénomène d'usure au niveau de la piste de came.

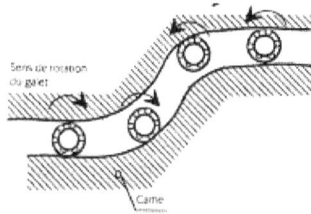

Figure 4.14. Changement de flanc de came

Une solution à ce problème a été proposée par Sidel, elle consiste à envisager deux galets : un pour la phase d'accélération et un deuxième pour la phase de ralentissement ce qui permet la rotation de chaque galet dans un sens unique et atténue le phénomène de glissement.

Dans le prochain paragraphe, nous nous focaliserons sur le contact transitoire du galet sur les pistes de came pendant l'ouverture des moules et plus précisément à la phase d'accélération.

4.1.2 Simulation de l'usure sur les pistes de came de la SBO16

4.1.2.1 Méthode de résolution

Dans cette section, nous considérons le problème de contact en roulement transitoire entre le galet et la came d'ouverture/fermeture des moules. Pendant l'ouverture des moules, la phase d'accélération dure 0,126 s. Dans cette phase l'effort de contact et la vitesse de renouvellement de contact varient au cours du temps comme le montre la figure 4.15.

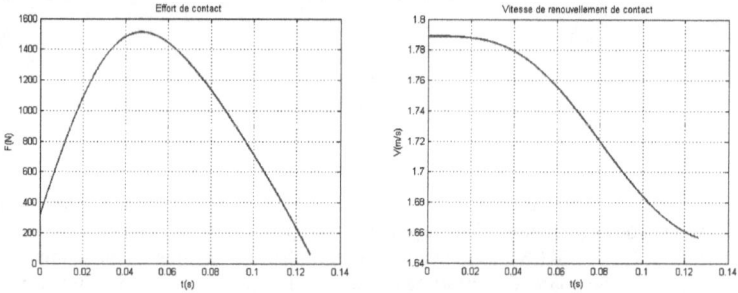

Figure 4.15. Données du problème transitoire

La vitesse de renouvellement de contact imposée par le profil de la came varie dans une petite plage autour d'une moyenne de 1,74 m/s. Dans notre cas où le galet et la came sont quasi identiques, le problème normal est découplé du problème tangent *[KAL 79]* et on peut en première étape résoudre le problème normal comme suit :

- **Problème normal**

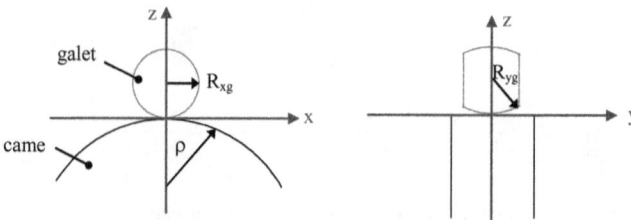

Figure 4.16. Contact galet/came

Nos données sont les géométries des solides en contact, les caractéristiques élastiques associées et l'effort de contact. Le galet quasi cylindrique possède un rayon de 20 mm dans le plan (xoz) et un rayon de bombé de 500 mm dans le plan (yoz). Ce galet roule sur une piste de came de rayon infini dans le plan (yoz) et de rayon de courbure ρ variable au cours du temps (Fig. 4.6) dans le plan (xoz) comme l'illustre la figure 4.16.

A chaque instant t, la solution du problème normal (zone de contact et pression de contact) peut être donnée simplement par la théorie de Hertz. A titre d'exemple, nous présentons ci-dessous la solution du problème normal à l'instant initial pour lequel F = 317 N et à l'instant t = 0.048 s correspondant au maximum de l'effort de contact F = 1512 N.

* à t = 0

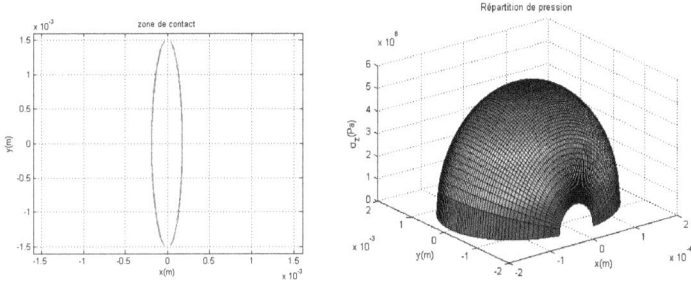

* à t = 0.048 s

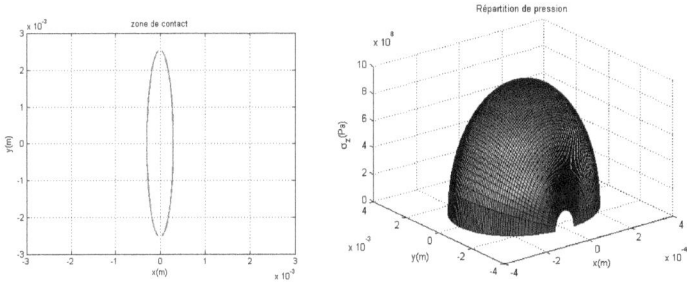

Figure 4.17. Aires de contact et répartitions des pressions.

L'aire de contact à l'instant t = 0.048 s est de taille plus grande que l'ellipse de l'instant initial étant donnée l'importance de l'effort d'écrasement dans le second cas (1512 N devant 317 N). De même, le maximum de pression est plus important lorsque le maximum de l'effort de contact est atteint (945 MPa devant 551 MPa).

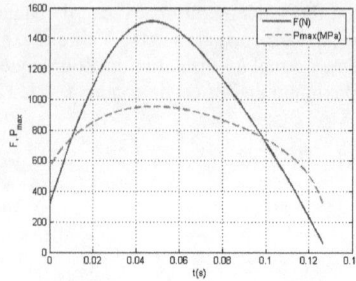

Figure 4.18. Evolution de l'effort normal et du maximum de pression

pendant la phase d'accélération.

La figure 4.18 montre l'évolution de l'effort normal et de la pression maximale au cours du temps. On constate que la variation du maximum de pression suit celle de l'effort F. Si le taux de glissement est constant pendant la phase d'accélération du galet, la puissance linéique dissipée sera plus élevée lorsque l'effort est maximal, par conséquent l'incrément de l'usure à cet endroit de la came est plus significatif. Cela nous permet de détecter les points les plus sollicités dans la piste de came.

- **Dynamique du galet et algorithme de résolution du problème tangent**

A l'entrée de la came, le galet est au repos et il est entraîné brusquement en rotation par adhérence avec la came. Cela va générer un fort glissement du galet au départ ce qui se traduit par une saturation de l'effort de cisaillement initial à l'échelle locale du contact. Comme nous l'avons vu dans le premier chapitre (§ 1.3.4), la détermination des efforts tangentiels dans la zone de contact nécessite la donnée des pseudoglissements.

L'algorithme de résolution mis en place qui tient compte de la dynamique du galet est une succession d'algorithme Fastsim dans le cas stationnaire. Le processus démarre avec une initialisation des paramètres inconnus du problème :

$$\begin{cases} T_x(t_1) = \mu F(t_1) \\ v_x(t_1) = 1 \\ \omega_g(t_1) = 0 \end{cases} \qquad (4.14)$$

Connaissant la vitesse de rotation et l'effort tangentiel à l'instant t_1, nous pouvons calculer l'accélération à l'instant t_2 et en déduire la vitesse de rotation et le taux de glissement v_x au même instant comme cela est expliqué en détail au chapitre 3.

Sur la figure 4.19, nous présentons l'évolution en fonction du temps de la vitesse de renouvellement de contact, du taux de glissement ainsi que la résultante des efforts tangentiels.

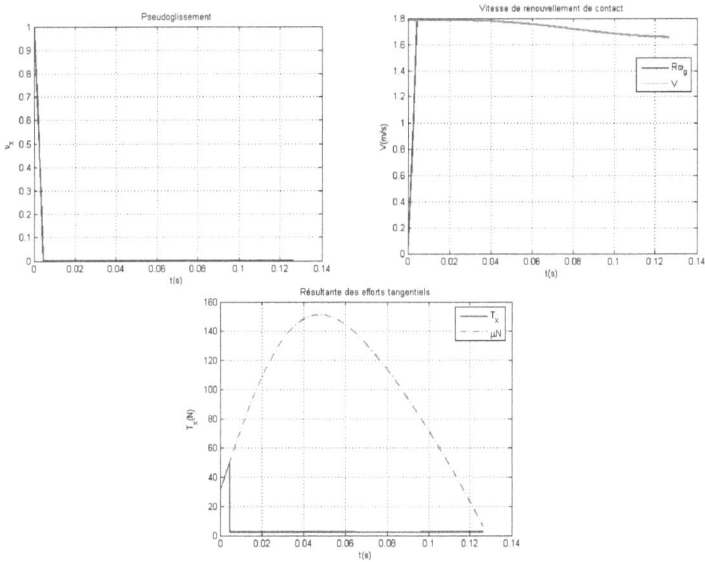

Figure 4.19. Résultats du modèle dynamique

La résolution du problème transitoire correspond à ce qu'on attend en pratique. En effet, l'entrée du galet dans les pistes de came est marquée par un glissement pur aux premiers instants, en zoomant sur le contact nous observons des aires de contact entièrement glissantes et les cisaillements sont donc saturés suivant la loi de frottement. Cette phase glissante est très courte : elle dure 5.10^{-3} s, le pas de temps choisi pour l'intégration numérique Δt vaut $1,6.10^{-6}$ s. Ce paramètre doit être bien maîtrisé afin d'éviter les problèmes d'instabilité numérique discutés dans *[CAL 05]* dans le cas des systèmes d'équations de type hyperboliques. A la fin de cette phase, le galet rattrape le mouvement imposé et le pseudoglissement chute brusquement à une valeur suffisamment faible pour que le contact reste collant et le roulement soit pur ou presque (il reste une petite zone de glissement à l'arrière du contact).

Sur la figure 4.20, nous montrons l'évolution du taux de glissement à l'entrée de la came pendant l'intervalle de temps $[0 ; 5.10^{-3}$ s].

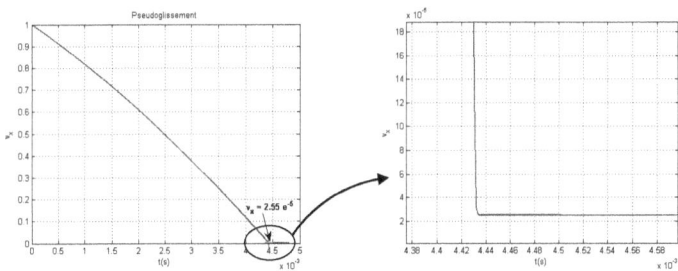

Figure 4.20. Variation du taux de glissement pendant la phase de glissement

Pour simuler l'usure générée par glissement, nous devons estimer la puissance linéique dissipée par contact pendant les tous premiers instants de l'entrée du galet dans les pistes de roulement. Sur la figure ci-dessous, nous présentons l'évolution de ce paramètre pour différents instants du roulement. Les différents instants présentés correspondent aux positions angulaires suivantes du galet :

$\varphi_1 = 0{,}0002°$, $\varphi_2 = 0{,}192°$, $\varphi_3 = 0{,}288°$, $\varphi_4 = 0{,}384°$, $\varphi_5 = 0{,}48°$, $\varphi_6 = 0{,}576°$.

Evidemment, à chaque pas de temps une nouvelle aire de contact est prise en compte en fonction de l'effort normal de contact et du rayon de courbure de la came *[WU 07]*.

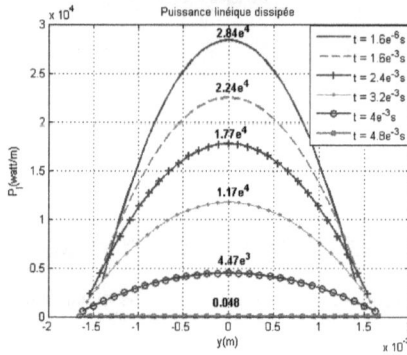

Figure 4.21.. Evolution de la puissance linéique dissipée

Sur chaque courbe de la figure 4.21, nous notons le maximum de la puissance linéique dissipée à un instant donné. Nous pouvons remarquer que les dissipations sont très importantes aux premiers instants à cause du fort glissement du galet à l'entrée dans la came. A la fin de cette phase critique, la puissance linéique chute à une faible valeur : le roulement du galet se fait presque sans glissement. Les bords extrêmes des différentes courbes montrent que l'aire de contact s'élargit au cours du temps mais la variation est modérée puisque l'effort de contact et la courbure de la came varient très peu sur cette plage temporelle. Sur la figure 4.22, nous présentons l'évolution en fonction du temps de l'ellipse de contact, de la résultante de la puissance linéique dissipée, des cisaillements et des glissements. A l'instant initial de cette phase de démarrage, on note une puissance totale dissipée de 57 watt.

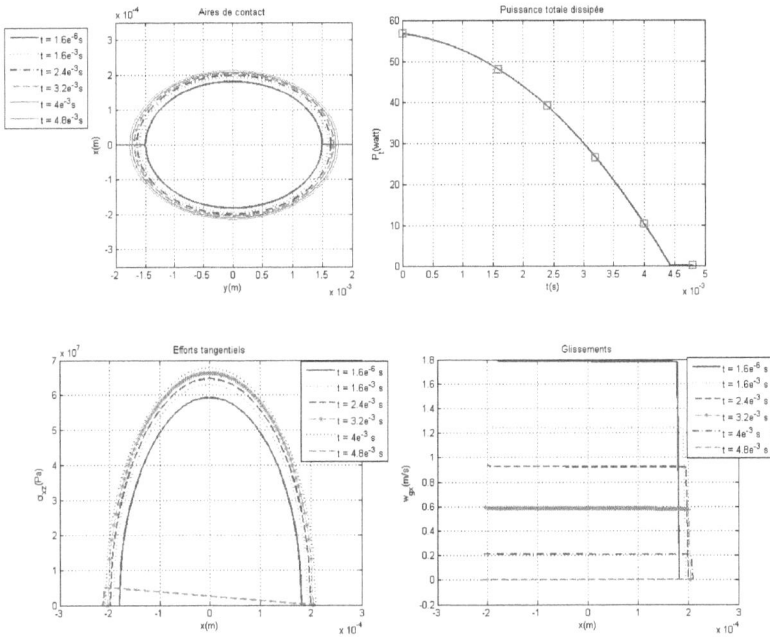

Figure 4.22. Evolution au cours du temps de : (a) l'aire de contact, (b) la puissance totale dissipée, (c) les cisaillements sur la bande centrale, (d) les vitesses de glissement sur la bande centrale.

Nous pouvons constater qu'à l'instant final t = $4,8.10^{-3}$s, qui correspond à un pseudoglissement longitudinal faible ($v_x = 2,4 .10^{-5}$), les cisaillements sont linéaires sur la majeure partie de la zone de contact, ce qui prouve qu'il y a presque adhérence totale ou roulement sans glissement. Ces efforts tangentiels saturent sur une très petite plage à l'arrière du contact. Les vitesses de glissement sont proches de zéro mais elles ne sont pas nulles.

4.1.2.2 Simulation de l'usure

Les résultats du modèle dynamique montrent que les dissipations par glissement ont lieu pour les instants t variant de 0 à 5.10^{-3} s. C'est donc l'entrée de la came qui est susceptible de s'user le plus. Pour estimer la profondeur usée, nous utilisons le modèle d'usure d'Archard en écriture locale (Eq.3.8) . On se place à l'instant initial correspondant à la position angulaire φ_1 pour lequel :

$$\begin{cases} v_x \approx 1 \\ T = \mu F \end{cases}$$

Dans ce cas extrême, la puissance dissipée linéique est élevée (28 486 W/m), l'incrément d'usure qui est proportionnellement lié à cette dernière sera considérable. En utilisant le même coefficient d'usure et la même dureté que dans le chapitre précédent, les résultats de simulation sont récapitulés sur la figure suivante.

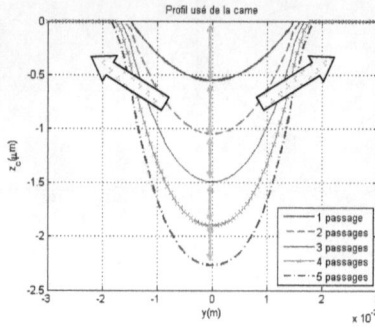

Figure 4.23. Evolution du profil usé de la came à une position donnée $\varphi = \varphi_1$ (t fixé)

Sur la figure 4.23, nous présentons l'évolution du profil de la came à la position critique donnée par $\varphi = \varphi_1$. A cet endroit, les galets qui étaient au repos vont se mettre en contact avec la piste de la came, le pseudoglissement longitudinal est donc maximal. L'approche Shadus (figure 3.22) est mise en œuvre pour la description du profil usé de la came. On peut constater que les amplitudes de la profondeur usée sont importantes malgré le faible nombre de passages. Les amplitudes au centre augmentent progressivement d'un cycle à l'autre néanmoins les taux d'accroissement diminuent légèrement comme le montrent les petites flèches superposées sur le graphique. Cela traduit un début d'accommodation des olides en contact . Le phénomène d'usure évolue jusqu'aux bords de la zone de contact comme l'on peut souvent constater dans les essais réalisés dans *[CLO 06]*, cette tendance d'évolution est indiquée par les flèches inclinées. Le calcul semi hertzien est indispensable dans cet exemple caractérisé par un changement rapide de la courbure qui peut évoluer jusqu'à l'état de conformité.

Sur la figure 4.24, nous présentons l'évolution du profil usé de la came pour différentes positions angulaires du galet pendant la phase critique au bout d'un tour du carrousel (16 passages de galets).

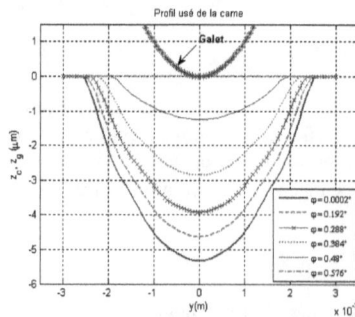

Figure 4.24. Evolution du profil de la came après un tour de carrousel pour différentes positions φ.

Au fur et à mesure que le galet avance dans la came, le taux de glissement diminue comme le montre la figure 4.20 ce qui conduit à l'évolution des amplitudes de la profondeur usée de la figure 4.24. La zone de contact est légèrement différente d'un instant à l'autre puisque l'effort de contact et le rayon de courbure de la came varient. On note un élargissement de cette zone suivant la direction y de moins en moins accentué au cours du temps.

Le maximum de profondeur d'usure correspondant aux 16 passages des galets est égale à 5,34 µm. En faisant le lien avec la valeur d'usure trouvée au bout de 5 passages (2,2 µm), on constate que l'évolution de l'usure ne suit pas une loi linéaire. Cette valeur (5,2 µm) atteinte en seulement 3 sec (1 tour de carrousel) n'est pas du tout négligeable surtout si l'on imagine les 320 passages de galets à chaque minute (20 tours) ainsi que le temps de fonctionnement de la machine. Le nombre colossal de passage des galets à la position initiale φ_1 aura sans doute des répercussions sur la topologie de la came et par conséquent sur les lois de mouvements gouvernés par celle ci et le fonctionnement du mécanisme.

Ces résultats militent pour la mise en œuvre d'une stratégie de traitement (thermique par exemple) de cette partie la plus sollicitée de la came qui permet d'améliorer sa dureté et ses propriétés mécaniques d'une manière générale *[ROB 84]*.

Dans le but de prédire l'état de la came à long terme et par conséquent la durée de vie de la machine, nous avons effectué plusieurs simulations à la position angulaire $\varphi = 0.0002°$ qui constitue l'endroit le plus critique de la came. La construction de la loi d'usure pour la piste de came nécessite un schéma itératif qui requiert une réactualisation du profil usé de la came à chaque passage de galet. Si on considère qu'une itération « I » correspond à un passage de galet et sachant qu'il y a environ 153 600 passages par jour de travail, le nombre d'itérations nécessaires pour l'estimation de l'usure à long terme est donc très grand et les simulations numériques deviennent onéreuses en temps de calcul, voire impossibles. Nous avons donc décidé de diminuer le nombre de simulations en considérant N passages de galet par itération, autrement dit en supposant que la variation d'usure est linéaire pendant les N passages. Ce choix n'est pas arbitraire puisque nous avons constaté que la géométrie de la came varie très peu d'un passage à un autre. Ainsi nous allons amplifier dans notre modèle numérique l'incrément d'usure dz N fois. Mais que faut-il prendre comme valeurs pour I et N?

La réponse n'est pas immédiate et pour pouvoir y répondre, il faut imposer à l'avance des conditions limites qui garantissent le réalisme du résultat du problème. En effet, il faut s'assurer qu'au fur et à mesure des simulations, le rayon de courbure du galet reste inférieur à celui de la came usée. En cas d'égalité des 2 rayons, une conformité des profils s'établit : c'est la situation limite de contact. Cela est équivalent à dire que la profondeur de la came usée u_{max} doit être inférieure ou égale à la hauteur h_g associée à la largeur de l'usure (figure 4.25).

Ce sujet a été abordé dans la thèse de Sylvain Cloupet *[Clo 06]* qui a proposé deux relations permettant de choisir rigoureusement les paramètres I et N.

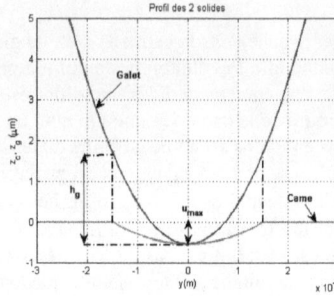

Figure 4.25. Profil de la came usée après un passage de galet.

Les simulations réalisées permettent de suivre l'évolution du profil usé de la came à cet endroit en fonction des milliers de passages de galets par jour. A la fin de chaque simulation, nous retenons le maximum du profil usé u_{max}. On peut ainsi construire une loi d'usure reproduisant l'évolution du maximum d'usure en fonction des heures de fonctionnement de la souffleuse (figure 4.26).

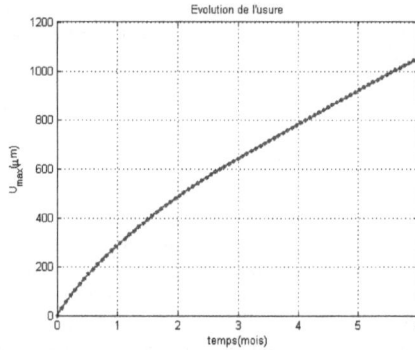

Figure 4.26. Evolution du maximum d'usure en fonction du temps.

La figure 4.26 décrit la variation de l'usure de la came à la position la plus sollicitée φ_1 pendant 6 mois de fonctionnement de la machine. On peut constater que la loi d'usure obtenue par les simulations présente une bonne correspondance avec les courbes d'usure généralement rencontrées dans la littérature, comme par exemple dans *[YAN 05]*. Le maximum d'usure augmente progressivement au fil du temps ce qui traduit un processus d'usure accéléré puis à partir de l'instant $t = 3$ mois, nous visualisons un comportement quasi linéaire. Cela signifie que le taux d'usure devient constant au cours du temps et que l'évolution d'usure est stationnaire. Nous notons un maximum d'usure d'environ 1,05 mm au bout de 6 mois de fonctionnement, ce qui correspond à une largeur d'usure L_c de 12 mm au niveau de la piste de came. Cette largeur est inférieure à la largeur du galet ($l_g = 20$ mm).

4.2   Influence des flexibilités des pièces

Rappelons que jusqu'ici l'effort de contact utilisé dans la simulation découle d'un calcul dynamique se basant sur l'hypothèse des solides rigides. En pratique, la notion de « solides rigides » est approximative étant données les déformations élastiques des pièces constituant la machine. Cette élasticité va induire des déformations dans le système et influencer le fonctionnement.

Dans la suite de ce chapitre, nous allons considérer l'influence des flexibilités des pièces dans la modélisation et notamment sur la réponse dynamique du système.

4.2.1   Analyse dynamique d'un système d'ouverture/fermeture simplifié

Dans un premier temps, nous allons considérer une configuration simplifiée du mécanisme d'ouverture/fermeture des moules. Cet exemple préliminaire nous servira de base pour la confrontation de deux modèles dynamiques différents. Dans le premier modèle, les solides seront considérés comme rigides, ce qui était le cas jusqu'à présent. Dans le second, nous assimilerons certaines pièces à des ressorts élastiques afin de pouvoir étudier l'influence des flexibilités sur le fonctionnement du système.

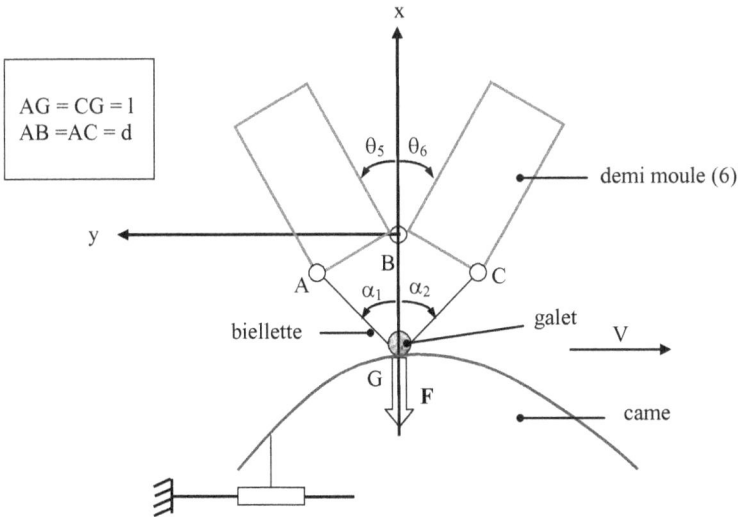

Figure 4.27. Système mécanique simplifié

Nous considérons que le galet est relié directement aux biellettes qui assurent l'ouverture des moules à la partir de la position fermée (Figure 4.27).
Les caractéristiques géométriques et d'inertie des moules et des biellettes sont récapitulées ci contre :

- Moules   - $I_5 = 2\ 140\ 000\ [\text{kg.mm}^2]$

            - $I_6 = 1\ 244\ 000\ [\text{kg.mm}^2]$

            - $d = 90\ [\text{mm}]$

- Biellettes   - $S = 20 \times 40\ [\text{mm}^2]$ (section perpendiculaire à l'axe AG ou CG)

            - $l = 140\ [\text{mm}]$

Les deux degrés de liberté de ce système sont les rotations des moules θ_5 et θ_6. Suivant la forme de la came, le galet suit une loi horaire x(t). Ce mouvement est imposé de telle sorte que les moules s'ouvrent à partir de la position initiale fermée x_0 avec une accélération nulle pour atteindre la position finale x_f en T secondes, (T = 0,26 s).
Le mouvement du galet imposé par la came s'écrit :

$$x(t) = x_0 + \frac{x_f - x_0}{T}\left(t - \frac{T}{2\pi}\sin\frac{2\pi}{T}t\right) \tag{4.15}$$

Les positions x_0 et x_f sont reliées aux dimensions des moules et des biellettes de telle sorte que les moules s'ouvrent à partir d'un angle $\theta_5 = 0$ à l'angle d'ouverture maximale $\theta_5 = 30°$.

$$\begin{cases} x_0 = \sqrt{l^2 - d^2} \\ x_f = \dfrac{d}{2} + \sqrt{l^2 - \dfrac{3d^2}{4}} \end{cases} \tag{4.16}$$

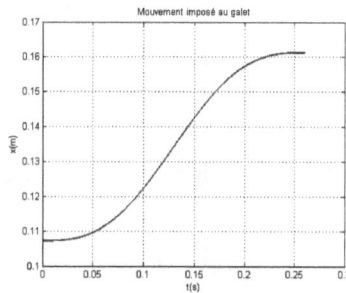

Figure 4.28. Mouvement du galet

4.2.1.1 Résultats du modèle dynamique rigide

Dans ce paragraphe, on se propose de déterminer l'effort de contact F exercé par la came sur le galet. Pour ce faire, nous faisons l'hypothèse des solides rigides et des liaisons parfaites. De plus nous considérons que seule l'inertie de deux demi moules est significative.
Soient F_1 et F_2 les efforts respectivement dans les articulations A et C exercés par les demis moules sur les biellettes et dirigés suivant les axes de celles ci, l'équilibre du nœud G permet d'exprimer l'effort total F sous la forme :

$$F = F_1 \cos \alpha_1 + F_2 \cos \alpha_2$$

Les relations géométriques donnent les expressions des angles α_1 et θ_5 comme suit :

$$\cos \alpha_1 = \sqrt{1 - \frac{d^2 \cos^2 \theta_5}{l^2}}$$

$$\theta_5 = \arcsin\left(\frac{x^2 + d^2 - l^2}{2dx}\right) \tag{4.17}$$

En appliquant le principe fondamental de la dynamique à chacune des 2 moules, on obtient F_1 et F_2. L'effort de contact F est donné par :

$$F = \frac{I_5 \ddot{\theta}_5 \cos \alpha_1}{d \cos(\theta_5 - \alpha_1)} + \frac{I_6 \ddot{\theta}_6 \cos \alpha_2}{d \cos(\theta_6 - \alpha_2)} \tag{4.18}$$

Dans le cas de biellettes rigides, $\alpha_1 \approx -\alpha_2 \approx \alpha$ et $\theta_5 = -\theta_6$. Ainsi l'effort F peut s'écrire sous la forme :

$$F = \frac{(I_5 \ddot{\theta}_5 + I_6 \ddot{\theta}_6) \cos \alpha}{d \cos(\theta_5 - \alpha)} \quad \text{avec} \quad \theta_5 = -\theta_6 \tag{4.19}$$

L'expression de l'angle de rotation θ_5 de l'équation 4.17 permet par dérivation de déterminer la vitesse de rotation $\dot{\theta}_5$ et par suite de l'accélération $\ddot{\theta}_5$:

$$\dot{\theta}_5 = \frac{x^2 - d^2 + l^2}{2dx^2 \cos \theta_5} \frac{x_f - x_0}{T}\left(1 - \cos(\frac{2\pi}{T}t)\right)$$

$$\ddot{\theta}_5 = [\frac{d^2 - l^2}{dx^3}(\frac{x_f - x_0}{T})^2\left(1 - \cos(\frac{2\pi}{T}t)\right)^2 - \frac{x^2 - d^2 + l^2}{2dx^2}\frac{2\pi}{T^2}(x_f - x_0)\sin(\frac{2\pi}{T}t) \tag{4.20}$$

$$+ \dot{\theta}_5^2 \sin \theta_5] / \cos \theta_5$$

Sur la figure 4.29, nous représentons l'évolution de l'effort de contact F, de la rotation des moules ainsi que leurs vitesses pendant la phase d'ouverture [0,T].

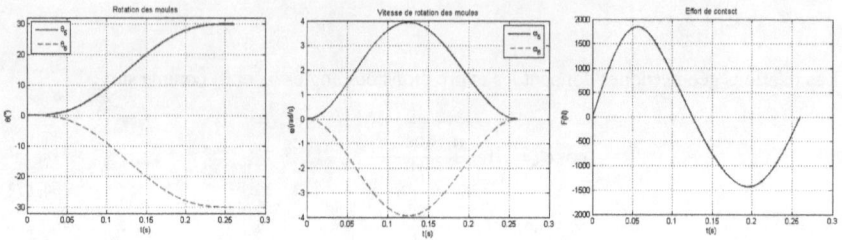

Figure 4.29. Résultats du modèle rigide

Les courbes de la figure 4.29 ont la même allure que les résultats trouvés par un calcul « rigide » dans le cas de la SBO16 (Figs. 4.9 et 4.13). Les allures sont bien lisses grâce au mouvement imposé au galet : les moules partent de la position fermée avec une accélération nulle, accélèrent dans un premier temps puis ralentissent à la fin d'ouverture correspondant à la position angulaire $\theta_5 = 30°$. L'absence de l'effort centrifuge fait que F part de 0 et retourne à 0 en fin de parcours.

4.2.1.2 Influence de la flexibilité des biellettes

Dans une seconde approche et afin de se rapprocher du fonctionnement réel du système mécanique, nous allons modéliser les biellettes par des ressorts élastiques identiques de raideur k et de longueur à vide l. Le système mécanique correspondant à cette configuration admet comme degrés de liberté les angles de rotations des 2 demi moules θ_5 et θ_6. Pour pouvoir décrire le mouvement du système les équations de Lagrange présentées dans *[CHE 04]* et utilisées dans *[NAT 05]* pour une application en ferroviaire, sont utilisées.
L'énergie cinétique du système est donnée par :

$$E_c = \frac{1}{2} I_5 \dot{\theta}_5^2 + \frac{1}{2} I_6 \dot{\theta}_6^2 \qquad (4.21)$$

L'énergie potentielle élastique emmagasinée dans les ressorts s'écrit :

$$U = \frac{1}{2} k \left[\left(\sqrt{x^2 + d^2 - 2\,dx\sin\theta_5} - l \right)^2 + \left(\sqrt{x^2 + d^2 + 2\,dx\sin\theta_6} - l \right)^2 \right] \qquad (4.22)$$

La rigidité des biellettes k est calculée en considérant que celles-ci sont sollicitées à la traction pure, ainsi k vaut ES/l.

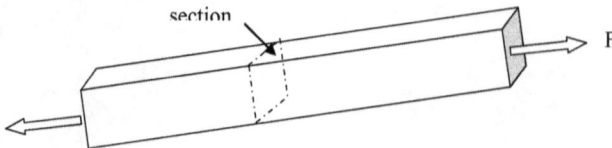

Figure 4.30. Sollicitation dans une biellette

Les équations de Lagrange s'écrivent :

$$\frac{d}{dt}\frac{\partial E_c}{\partial \dot{q}_i} - \frac{\partial E_c}{\partial q_i} = Q_i \tag{4.23}$$

avec q_i et Q_i sont respectivement les coordonnées généralisées du système et les coefficients énergétiques associés. Dans le cas où les efforts dérivent d'une énergie potentielle U, on a :

$$Q_i = -\frac{\partial U}{\partial q_i} \tag{4.24}$$

En considérant θ_5, θ_6 et x comme degrés de liberté indépendants de l'ensemble, nous pouvons écrire les relations suivantes :

$$q_i = \theta_5 \quad \Rightarrow \quad I_5 \ddot{\theta}_5 = \frac{kdx\cos\theta_5 \left(\sqrt{x^2 + d^2 - 2\,dx\sin\theta_5} - l \right)}{\sqrt{x^2 + d^2 - 2\,dx\sin\theta_5}} \tag{4.25}$$

$$q_i = \theta_6 \quad \Rightarrow \quad I_6 \ddot{\theta}_6 = -\frac{kdx\cos\theta_6 \left(\sqrt{x^2 + d^2 + 2\,dx\sin\theta_6} - l \right)}{\sqrt{x^2 + d^2 + 2\,dx\sin\theta_6}} \tag{4.26}$$

$$q_i = x \quad \Rightarrow \quad
\begin{aligned}
F &= k\frac{(x - d\sin\theta_5)\left(\sqrt{x^2 + d^2 - 2\,dx\sin\theta_5} - l\right)}{\sqrt{x^2 + d^2 - 2\,dx\sin\theta_5}} \\
&+ k\frac{(x + d\sin\theta_6)\left(\sqrt{x^2 + d^2 + 2\,dx\sin\theta_6} - l\right)}{\sqrt{x^2 + d^2 + 2\,dx\sin\theta_6}}
\end{aligned} \tag{4.27}$$

Les équations de Lagrange aboutissent à un système d'équations différentielles non linéaires. Pour le résoudre on utilise la méthode des différences finies avec un schéma d'Euler explicite. Ainsi, connaissant l'accélération $\ddot{\theta}_i(t)$, on peut déduire la vitesse de rotation en posant $\dot{\theta}_i(t + \Delta t) = \dot{\theta}_i(t) + \Delta t.\ddot{\theta}_i(t)$ et par analogie l'angle de rotation $\theta_i(t)$: $\theta_i(t + \Delta t) = \theta_i(t) + \Delta t.\dot{\theta}_i(t)$.

Les conditions initiales prises en compte dans la résolution correspondent à la position de repos (moule fermé) :

$$\begin{cases} \theta_i = 0 \\ \dot{\theta}_i = 0, \ i = 5, 6 \end{cases}$$

Les résultats numériques sont récapitulés sur la figure 4.31.

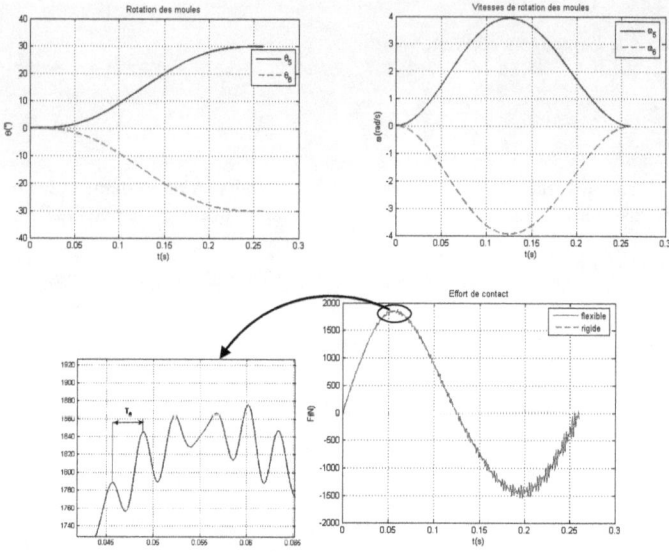

Figure 4.31. Résultats du modèle flexible

Les résultats de la figure 4.31 montrent l'évolution du mouvement des biellettes et de l'effort de contact en fonction du temps. La prise en compte de la flexibilité des biellettes n'influence pas les angles et les vitesses de rotation des 2 moules. Les résultats sont identiques aux résultats du modèle rigide (Fig. 4.29). Néanmoins, nous pouvons constater la présence des petites oscillations au niveau de l'allure de l'effort de contact. Ces oscillations sont de période très faible de l'ordre de quelques millièmes de seconde.

Le pas de temps nécessaire à la résolution numérique est choisi égal à $2,9.10^{-6}$ s, cela nous fait 89655 étapes de calcul soit 1053 s de coût numérique. On a pu constater qu'un pas de temps inférieur génère des problèmes d'instabilité numérique de la solution.

La résolution par différences finies d'un système dynamique nécessite un bon choix du pas de temps Δt *[SOI 01]*. En effet, si le pas de temps considéré dans le calcul est plus grand que la période des oscillations libres, nous ne pouvons pas visualiser ces dernières et il faut donc s'assurer que le pas de temps est suffisamment faible pour pouvoir décrire judicieusement l'évolution des résultats.

Afin d'illustrer cette idée, nous nous proposons tout d'abord de trouver l'ordre de grandeur de la période T_0 du système dynamique. Rappelons que l'équation différentielle de l'oscillateur harmonique non amorti à 1 DDL ($\theta(t)$) *[GMÜ 97]* s'écrit :

$$\ddot{\theta} + \omega_0^2 \theta = 0 \tag{4.28}$$

où ω_0 est la pulsation propre du système.

Les équations différentielles établies plus haut par l'approche « flexible » sont non linéaires. Pour connaître l'ordre de grandeur de ω_0, on choisit de linéariser l'équation 4.25 au voisinage de θ_5 faible. Le résultat de la linéarisation donne :

$$\omega_{50}^2 = \frac{k}{M_{eq}} \approx \frac{k(l^2 - d^2)d^2}{I_s l^2}$$

$$\text{avec} \quad M_{eq} = \frac{I_s l^2}{(l^2 - d^2)d^2} \tag{4.29}$$

Cela nous permet d'avoir une estimation de la pulsation propre : $\omega_{50} = 1,63.10^3$ rad/s et par conséquent de la période d'oscillation : $T_{50} = 2\pi/\omega_0 = 0,0038$ s. Nous pouvons faire de même pour calculer ω_{60} et T_{60}. Les résultats obtenus sont : $\omega_{60} = 2,14.10^3$ rad/s et $T_{60} = 0,0029$ s.

Nous pouvons remarquer que le pas de temps mis en jeu dans la résolution correspond au $1/1000$ de T_{60}, soit le minimum des périodes d'oscillation.

Sur la figure ci-dessous, nous présentons les allures de l'effort dynamique F pour différents pas de temps Δt.

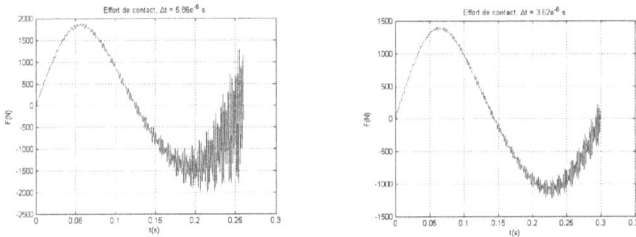

Figure 4.32. Influence du pas de temps sur l'effort de contact

Les courbes de la figure ci-dessus sont associées aux découpages suivants :

$N = 500 \quad \longrightarrow \quad \Delta t = T_{60}/N = 5,8.10^{-6}$ s
$N = 800 \quad \longrightarrow \quad \Delta t = 3,62.10^{-6}$ s

Nous pouvons constater que lorsque N est faible (N < 1000), l'allure de l'effort de contact est très instable. Le schéma d'intégration aux différences finies utilisé dans la modélisation nécessite un pas de temps fin pour mieux approximer la solution.

Par ailleurs, nous avons pu noter que pour des pas de temps supérieurs à $2,9.10^{-6}$ s (N>=1000), les allures restent inchangées mais le temps de calcul est évidemment bien élevé.

En conclusion, en désignant par T_0 le minimum des périodes T_{50} et T_{60}, nous pouvons dire qu'un bon pas de temps est d'environ : $T_0/1000$. Ainsi, on est sûr de pouvoir décrire toutes les oscillations du système.

Le modèle flexible présenté jusque là ne prend pas en compte les phénomènes dissipatives dans le système qui peuvent être dus aux frottements au niveau des liaisons. Afin de s'approcher plus de la réalité, nous allons envisager des forces d'amortissement dans le système dynamique. Ces forces coopéreront également à la stabilité numérique de la solution.

4.2.1.3 Influence de l'amortissement

Jusqu'ici, les équations de dynamique établies plus haut correspondent à une réponse non amortie du système qui pourrait être à l'origine de la présence des oscillations dans l'allure de l'effort de contact.

Dans la réalité, les vibrations libres n'existent pas car il y a toujours de l'amortissement au cours du temps comme s'est expliqué dans *[MAR 04]*. Les forces d'amortissement traduit une dissipation d'énergie. Elles s'opposent au mouvement et sont donc de signe opposé aux vitesses. Le rôle de ces forces est d'introduire de la stabilité en faisant diminuer les oscillations dans le système comme l'on peut voir dans les travaux de *[PAU 04]* appliqués aux ouvrages de génie civil.

Dans la suite, nous investiguerons l'influence de la présence des amortisseurs au niveau des biellettes élastiques sur la réponse dynamique du système.

Raideur k

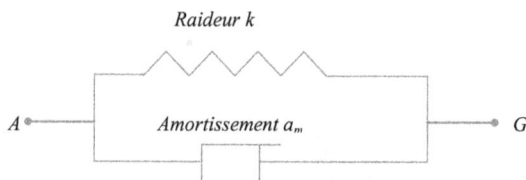

Figure 4.33. Modélisation de la biellette

En considérant un amortisseur fluide, celui-ci transmet au système un effort proportionnel à la vitesse de glissement du piston dans le corps de l'amortisseur :

$$F_v = -a_m \, \overrightarrow{\dot{AG}} = -a_m \dot{i} \tag{4.30}$$

où a_m est l'amortissement exprimé en N.s/m.

Le pseudo potentiel de dissipation visqueux s'écrit :

$$\Phi = \frac{1}{2} a_m \left(\overrightarrow{\dot{AG}}^2 + \overrightarrow{\dot{CG}}^2 \right)$$

$$= \frac{1}{2} a_m \left[\frac{\left((x - d\sin\theta_5)\dot{x} - xd\cos\theta_5\dot{\theta}_5 \right)^2}{x^2 + d^2 - 2\,dx\sin\theta_5} + \frac{\left((x + d\sin\theta_6)\dot{x} + xd\cos\theta_6\dot{\theta}_6 \right)^2}{x^2 + d^2 + 2\,dx\sin\theta_6} \right] \tag{4.31}$$

Le coefficient énergétique Q_i s'écrit :

$$Q_i = -\frac{\partial U}{\partial q_i} - \frac{\partial \Phi}{\partial \dot{q}_i}$$

Le système d'équations différentielles à résoudre s'écrit comme suit :

$$I_5\ddot{\theta}_5 = \frac{kdx\cos\theta_5\left(\sqrt{x^2 + d^2 - 2\,dx\sin\theta_5} - l\right)}{\sqrt{x^2 + d^2 - 2\,dx\sin\theta_5}}$$
$$+ a_m\frac{xd\cos\theta_5\left((x - d\sin\theta_5)\dot{x} - xd\cos\theta_5\dot{\theta}_5\right)}{x^2 + d^2 - 2\,dx\sin\theta_5}$$

(4.32)

$$I_6\ddot{\theta}_6 = \frac{kdx\cos\theta_6\left(\sqrt{x^2 + d^2 + 2\,dx\sin\theta_6} - l\right)}{\sqrt{x^2 + d^2 + 2\,dx\sin\theta_6}}$$
$$- a_m\frac{xd\cos\theta_6\left((x + d\sin\theta_6)\dot{x} + xd\cos\theta_6\dot{\theta}_6\right)}{x^2 + d^2 + 2\,dx\sin\theta_6}$$

(4.33)

$$F = k\left[\frac{(x - d\sin\theta_5)\left(\sqrt{x^2 + d^2 - 2\,dx\sin\theta_5} - l\right)}{\sqrt{x^2 + d^2 - 2\,dx\sin\theta_5}} + \frac{(x + d\sin\theta_6)\left(\sqrt{x^2 + d^2 + 2\,dx\sin\theta_6} - l\right)}{\sqrt{x^2 + d^2 + 2\,dx\sin\theta_6}}\right]$$
$$+ a_m\left[\frac{(x - d\sin\theta_5)\left((x - d\sin\theta_5)\dot{x} - xd\cos\theta_5\dot{\theta}_5\right)}{x^2 + d^2 - 2\,dx\sin\theta_5} + \frac{(x + d\sin\theta_6)\left((x + d\sin\theta_6)\dot{x} + xd\cos\theta_6\dot{\theta}_6\right)}{x^2 + d^2 + 2\,dx\sin\theta_6}\right]$$

(4.34)

En pratique, l'amortissement provient des défauts d'élasticité et du frottement dans les liaisons. Il est faible. L'évaluation de sa valeur peut se faire en comparant avec l'amortissement critique qu'on notera a_c qui est donné par : $a_c = 2\sqrt{Mk} = \dfrac{2k}{\omega_0}$.

Le coefficient d'amortissement ξ est défini par : $\xi = \dfrac{a_m}{a_c}$. A l'aide de l'estimation des pulsations ω_{50} et ω_{60}, on peut chiffrer la valeur de l'amortissement critique :

$$a_c \approx \frac{\sqrt{kl^2 I_5} + \sqrt{kl^2 I_6}}{\sqrt{d^2(l^2 - d^2)}} = 1{,}29.10^6 \text{ N.s/m}$$

Dans ce qui suit, nous présentons les résultats dynamiques de la réponse amortie du système mécanique préliminaire pour un coefficient d'amortissement ξ égal à 30 %.

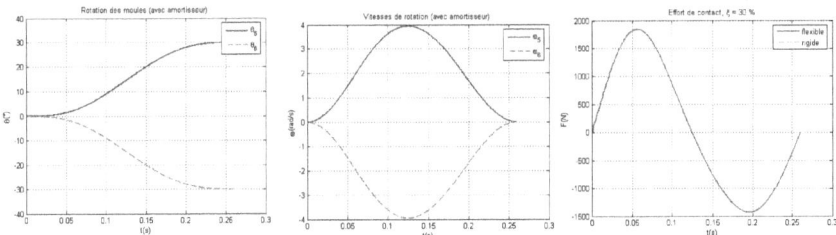

Figure 4.34. Réponse amortie du système mécanique simplifié

On peut bien constater que le rajout des amortisseurs au niveau des biellettes stabilise la réponse dynamique du système et les oscillations détectées dans la réponse non amortie de la courbe d'effort ont totalement disparus. La réponse amortie en effort aussi bien au niveau des angles et des vitesses de rotation des moules est identique aux résultats donnés par la modèle rigide. (Figure 4.29).

Notons aussi qu'outre l'avantage de stabilité dynamique offert par l'amortissement, ce dernier assure en plus la stabilité numérique de la méthode. En effet, les résultats de la figure 4.34 sont obtenus avec seulement 887 étapes de calcul (N = 9), ce qui est équivalent à 1,81 s de coût numérique, soit 582 fois plus faible que le modèle non amorti présenté dans le paragraphe précédent. Ainsi, et dans le but d'accélérer les calculs, nous pouvons diminuer le découpage N (et donc augmenter le pas de temps Δt) en ajoutant de l'amortissement dans le modèle.

Plusieurs calculs sont menés en considérant différents taux d'amortissement (1 %, 10 % et 20 %). Les résultats sont récapitulés sur la figure ci-dessous.

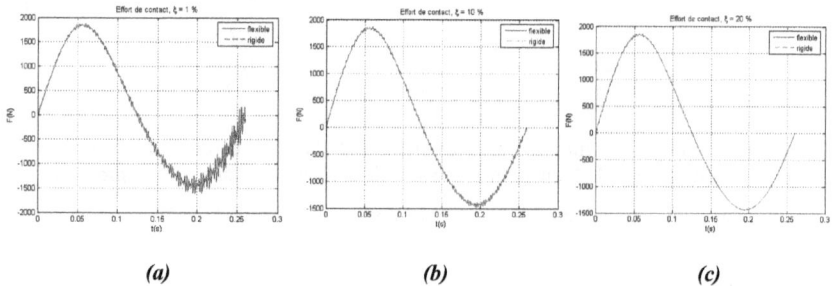

(a)   *(b)*   *(c)*

Figure 4.35. Influence de l'amortissement sur l'effort de contact

(a) (N = 200 ; $\Delta t = 1,45.10^{-5}$ s), *(b)* (N = 27 ; $\Delta t = 1,07.10^{-4}$ s), *(c)* (N = 14 ; $\Delta t = 2,07.10^{-4}$ s)

Les différentes courbes de la figure 4.35 montrent l'influence de l'amortissement sur la réponse dynamique. En augmentant les forces d'amortissement dans le système, les fluctuations disparaissent et on s'approche de plus en plus de la solution « rigide ». Avec un coefficient d'amortissement de 20 %, la réponse flexible coïncide presque avec la réponse rigide. Notons que la courbe d'effort correspondant à $\xi = 1\%$ présente des fluctuations à cause du faible nombre de découpage utilisé dans le calcul (N = 200). En utilisant une discrétisation plus fine (N = 350), les problèmes d'instabilité numérique disparaissent et la courbe d'effort devient similaire à la courbe (c) obtenue en considérant seulement 14 intervalles de la période d'oscillation. On a pu noter que la réponse devient stable et coïncide même avec la solution du modèle rigide en prenant $\xi = 5\%$ et N = 200, le temps de calcul enregistré est seulement 54 s. Ainsi, nous pouvons constater que l'introduction de l'amortissement dans la modélisation permet non seulement de rendre le modèle plus réaliste en prenant en compte la dissipation énergétique au cours du temps, mais aussi de lever les problèmes d'instabilité numérique et d'optimiser le coût numérique de la méthode.

Par ailleurs, il faut noter que la connaissance de la solution « rigide » ne peut pas constituer un critère pour choisir la valeur optimale de l'amortissement à considérer dans la modélisation.

Un tel critère peut être construit par exemple par l'expérimentation sur un banc d'essai reproduisant le mécanisme simplifié d'ouverture et fermeture (Figure 4.27).

4.2.2 Extension au cas de la souffleuse SBO 1

4.2.2.1 Présentation de la SBO1

Dans cette section, nous allons compléter le système mécanique préliminaire afin de pouvoir étudier la dynamique d'un système réaliste pour l'ouverture du moule de la souffleuse SBO1. Cette machine décrite dans *[CHE 02]* est conçue par Sidel pour la fabrication prototype des bouteilles plastiques. La cadence de production de cette machine est évaluée à 1 200 bouteilles par heure, soit une bouteille toutes les trois secondes.

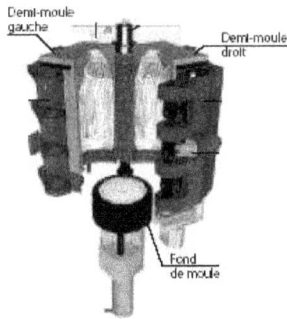

Figure 4.36. Moule portefeuille

La came d'ouverture/fermeture du moule de la SBO1 a une forme cycloïdale. Le schéma cinématique du système de commande de l'ouverture et de la fermeture du moule est schématisé sur la figure 4.37.

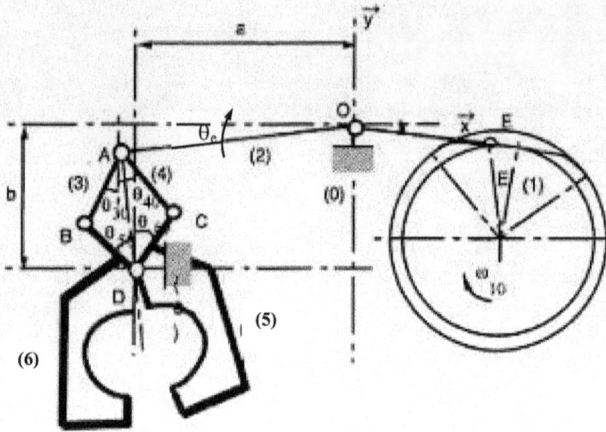

Figure 4.37. Schéma cinématique du système de commande de l'ouverture et la fermeture
du moule de la SBO1.

Les caractéristiques géométriques des composantes de ce système sont données ci-dessous :

$OA = l_2 = 270$ mm
$OE = l_2' = 257$ mm
$AB = AC = l = 140$ mm
$BD = CD = e = 95$ mm
$a = 260$ mm
$b = 195$ mm

La came cycloïdale impose un mouvement au levier (2). Pendant l'ouverture des moules,
l'angle de rotation des bras de commande θ_e suit la loi horaire suivante :

$$\theta_e(t) = \theta_{ef} + \frac{(\theta_{eo} - \theta_{ef})}{T_o}\left(t - \frac{T_o}{2\pi}\sin\frac{2\pi}{T_o}t\right)$$

(4.35)

θ_{ef} et θ_{eo} désignent respectivement les angles que font les moules à la fermeture et à
l'ouverture. T_o est le temps nécessaire à la phase d'ouverture. Il vaut 0,26 s.
Dans la suite, nous notons par $\Delta\theta_e$ le débattement angulaire $\theta_{eo} - \theta_{ef}$. Dans les calculs, nous
prenons $\Delta\theta_e = 11, 134°$ et $\theta_{ef} = 12,32°$.

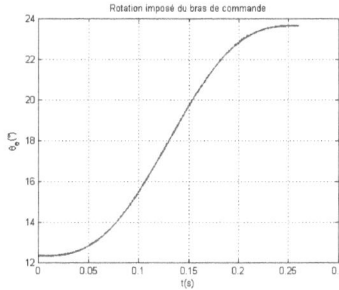

Figure 4.38. Angle de rotation du bras de commande

Disposant des données géométriques et du mouvement du bras de commande et en faisant l'hypothèse des solides rigides, nous pouvons déterminer les angles de rotation des pièces (3), (4), (5) et (6).

4.2.2.2 Résultats cinématiques et dynamiques du modèle rigide

Pour déterminer les angles θ_{50} et θ_{60}, nous étudions la fermeture géométrique OAD en intercalant tantôt B, tantôt C. Cela nous permet d'exprimer les 2 angles inconnues en fonction des caractéristiques géométriques du système et du mouvement du bras de commande :

$$\begin{cases} \theta_{50} = \dfrac{-4Xe + \sqrt{16X^2e^2 - 4(X^2 + Y^2 + e^2 - 2Ye - l^2)(X^2 + Y^2 + e^2 - l^2 + 2Ye)}}{2(X^2 + Y^2 + e^2 - 2Ye - l^2)} \\[4mm] \theta_{60} = \dfrac{4Xe - \sqrt{16X^2e^2 - 4(X^2 + Y^2 + e^2 - 2Ye - l^2)(X^2 + Y^2 + e^2 - l^2 + 2Ye)}}{2(X^2 + Y^2 + e^2 - 2Ye - l^2)} \\[4mm] \text{avec} \qquad X = a - l_2 \cos\theta_e ; \; Y = b - l_2 \sin\theta_e \end{cases} \tag{4.36}$$

La connaissance des angles θ_{50} et θ_{60} permet d'accéder aux angles de rotation des moules qu'on notera θ_5 et θ_6.
La puissance des efforts extérieurs noté P_{ext} est donnée par :

$$P_{ext} = \vec{F}.\overrightarrow{V_E} = Fl'_2\,\dot{\theta}_e \cos\alpha \tag{4.37}$$

où α est l'angle que fait le vecteur effort avec la vitesse du point E par rapport au bâti (0).
Par ailleurs, l'énergie cinétique du système mécanique s'écrit comme suit :

$$E_c = \underbrace{\frac{1}{2}(I_2 + I_2')\dot{\theta}_e^{\,2}}_{Levier\ de\ commande} + \underbrace{\frac{1}{2}I_5\,\dot{\theta}_5^{\,2} + \frac{1}{2}I_6\,\dot{\theta}_6^{\,2}}_{demi-moules} \tag{4.38}$$

où I_2 et I_2' sont les inerties des deux bras du levier de commande qu'on négligera dans la suite.

En tenant compte de l'équation (4.36), on peut écrire les relations suivantes :

$$\theta_5 = f(\theta_e) \text{ et } \theta_6 = g(\theta_e) \quad \Rightarrow \quad \dot{\theta}_5 = f'(\theta_e)\dot{\theta}_e \quad \text{et} \quad \dot{\theta}_6 = g'(\theta_e)\dot{\theta}_e$$

Le théorème de l'énergie cinétique appliqué au système permet d'établir l'expression de l'effort de contact came/galet au point E :

$$F = \frac{I_5 f'(\theta_e)\ddot{\theta}_5 + I_6 g'(\theta_e)\ddot{\theta}_6}{l_2' \cos\alpha} \tag{4.39}$$

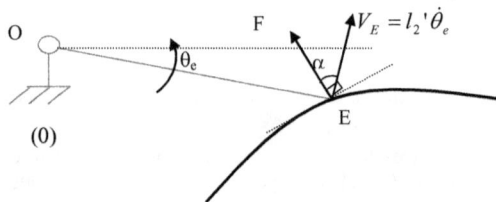

Figure 4.39. Effort de contact came/galet

Sur la figure ci-dessous, nous représentons l'évolution des angles de rotation des 2 demi moules ainsi que l'effort de contact F.

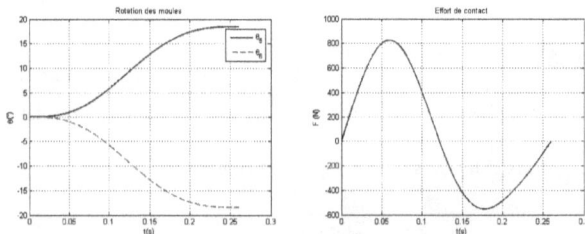

Figure 4.40. Résultats de l'étude cinématique et dynamique

Dans le modèle préliminaire, nous avions supposé que les biellettes étaient directement liées au galet. En introduisant le levier de commande (2) et en assimilant les biellettes à des ressorts élastiques, un nouveau degré de liberté θ_2 vient se rajouter aux 2 variables transitoires θ_5 et θ_6.

4.2.2.3 Comparaison avec le modèle flexible

Soit le système dynamique de la figure 4.36. On suppose dans cette section que le levier de commande est flexible. De ce fait, les angles de rotation des deux bras de commande OA et OE ne sont plus égaux. Cela génère une torsion au niveau de la barre en O.

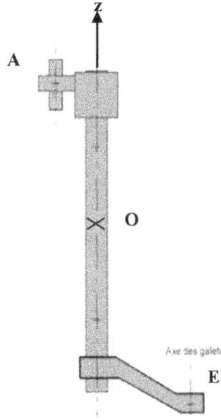

Figure 4.41. Barre d'articulation

L'énergie potentielle élastique emmagasinée dans la barre est donnée par :

$$U_2 = \frac{1}{2}c.\Delta\theta^2 \quad \text{avec} \quad c \approx \frac{\pi G\left(D_{ext}^4 - D_{int}^4\right)}{32H} \tag{4.40}$$

D_{ext} et D_{int} sont respectivement les diamètres extérieurs et intérieurs de la barre et G est le module de cisaillement. D_{ext} et D_{int} valent respectivement 48 mm et 8 mm. La hauteur de la barre H est égale à 400 mm.

Les variables θ_2, θ_5 et θ_6 ne sont pas indépendantes. Elles sont reliées entre elles par les fermetures géométriques vues précédemment. En conséquence, pour la détermination de l'angle de rotation du bras de commande θ_2 nous n'utiliserons pas les équations de Lagrange qui introduiraient des multiplicateurs pour prendre en compte les liaisons entre les paramètres. L'application du théorème de l'énergie cinétique permet de relier les angles θ_2, θ_5 et θ_6 par une équation différentielle du second ordre :

$$I_5\dot{\theta}_5\ddot{\theta}_5 + I_6\dot{\theta}_6\ddot{\theta}_6 + c\dot{\theta}_2(\theta_2 - \theta_e) = 0 \tag{4.41}$$

Comme nous l'avons dit, θ_5 et θ_6 sont fonctions de θ_2. Ainsi, on peut poser :

$$\theta_5 = f(\theta_2) \text{ et } \theta_6 = f(\theta_2)$$

En tenant compte de ces relations, l'équation (4.39) peut s'écrire :

$$\ddot{\theta}_2 = \frac{-c(\theta_2 - \theta_e) - I_5 f' f'' \dot{\theta}_2^{\,2} - I_6 g' g'' \dot{\theta}_2^{\,2}}{I_5 f'^{\,2} + I_6 g'^{\,2}} \tag{4.42}$$

Nous proposons de résoudre numériquement cette équation différentielle non linéaire en posant comme conditions initiales :

$$\begin{cases} \theta_5(1) = 0 \\ \theta_6(1) = 0 \\ \theta_2(1) = \theta_e(1) \end{cases}$$

La détermination de la vitesse et de l'angle de rotation du bras de commande se fait moyennant le schéma d'Euler explicite. Une fois $\theta_2(t)$ connu, les relations des fermetures géométriques nous permettent d'accéder au calcul des angles $\theta_5(t)$ et $\theta_6(t)$.

L'équation (4.42) nous permet d'avoir une estimation de la pulsation propre ω_0 du système et par conséquent de la période d'oscillation T_0. Celle-ci est estimée à 0,07 s. Le pas de temps à choisir pour la résolution numérique est $\Delta t = T_0/1000$, le temps de calcul enregistré est 4 s. Les résultats numériques sont récapitulés sur la figure 4.42.

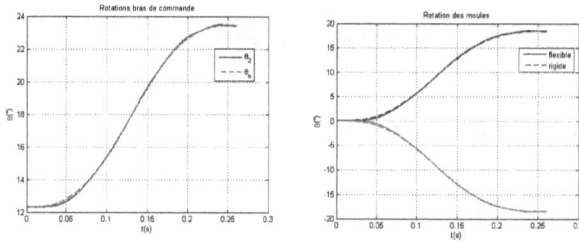

Figure 4.42. Résultats du modèle flexible.

La figure 4.42 montre l'évolution de la rotation du bras de commande OA ainsi que les rotations des moules en comparaison avec la solution du problème rigide. La prise en compte de la flexibilité au niveau de la barre influence peu la cinématique des moules ainsi que le mouvement du bras de commande OA. Néanmoins une importante différence est constatée au niveau de l'évolution de l'effort de contact.

La détermination de cet effort est possible en écrivant l'équation de Lagrange par rapport à la variable donnée θ_e. Dans ce cas, F est lié aux rotations des bras de commande θ_2 et θ_e par l'équation :

$$q_i = \theta_e \qquad \Rightarrow \qquad \frac{d}{dt}\left(\frac{\partial E_c}{\partial \dot{\theta}_e}\right) - \frac{\partial E_c}{\partial \theta_e} = \frac{\partial P_{ext}}{\partial \dot{\theta}_e} - \frac{\partial U_2}{\partial \theta_e}$$

$$\Rightarrow \qquad F = -\frac{c(\theta_2 - \theta_e)}{l'_2 \cos\alpha} \tag{4.43}$$

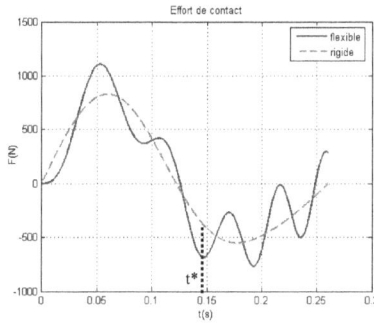

Figure 4.43. Evolution de l'effort de contact par les modèles flexible et rigide.

Sur la figure 4.43, nous représentons l'allure de l'effort de contact pendant l'ouverture des moules. L'effort « flexible » oscille au cours du temps et on relève un écart non négligeable par rapport à la solution du calcul rigide. Alors que le maximum d'effort du modèle rigide est de 826 N, l'effort donné par cette approche atteint un maximum de 1109 N, soit un écart de plus de 34%. De plus, nous pouvons remarquer l'importance de cet écart à l'instant $t^* = 0,14$ s par exemple, pour lequel l'effort « flexible » est presque le double de l'effort « rigide ». La différence des amplitudes au niveau de l'effort de contact par les deux approches (rigide et flexible) pose problème étant donné que ce paramètre constitue le point de départ pour la résolution du problème de contact. Si les efforts obtenus sont différents, cela signifie que les aires de contact seront différentes et que les résultats qui en découlent (cisaillements, glissements, dissipations…) le seront aussi. Ce constat souligne bien l'importance de prendre en compte les flexibilités des pièces dans la modélisation.

Notons aussi qu'à l'entrée de la came, l'effort d'ouverture du modèle flexible est inférieur à l'effort rigide mais aussi évolue progressivement. Cette progressivité peut avoir des conséquences sur le mouvement du galet qui pourrait atteindre le roulement sans glissement plus tard. Cela signifie qu'il y aurait du glissement sur une partie plus large de la came et par conséquent la répartition de l'usure se ferait sur une plage plus importante de la piste de came.

La période d'oscillation calculée plus haut est environ 24 fois plus grande que la période estimée dans le cas du modèle simplifié. Cela nous permet de constater que l'influence de la torsion de la barre est plus considérable que la flexibilité des biellettes. Ce qui justifie la prise en compte de la souplesse de la barre dans cette modélisation.

Conclusion

Nous avons présenté dans ce chapitre un exemple d'application industrielle sur la méthode de résolution des problèmes des contacts non stationnaires. Le système d'ouverture/fermeture de la souffleuse SBO16 est considéré pour la simulation de l'usure générée par le roulement du galet sur les pistes de came. Nous avons étudié l'influence des flexibilités des pièces constituant la machine sur la réponse dynamique du système en considérant dans un premier temps un mécanisme d'ouverture simplifié. Ceci a permis de confronter les résultats des modèles rigide et flexible en discutant le choix du pas de temps d'intégration ainsi que le coefficient d'amortissement à considérer dans la modélisation. Le système simplifié est ensuite complété pour une extension au cas de la souffleuse SBO1. Les résultats obtenus soulignent l'importance de la prise en compte de l'élasticité des composantes du système pour la détermination de l'effort de contact et par conséquent la simulation de l'usure dans les contacts roulants. De plus, grâce à une estimation des périodes d'oscillation, nous avons pu constater que la prise en compte de la torsion de la barre est plus significative que les flexibilités des biellettes. A l'aide de l'allure des forces de contact obtenus par l'étude dynamique flexible, on peut reprendre la démarche présentée en début du chapitre pour la quantification de l'usure.

Conclusions et perspectives

Au terme de ce travail de recherche, nous avons pu développer des modèles fiables et rapides appropriés au problème de la modélisation de l'usure superficielle dans les contacts roulants stationnaires et transitoires. La mise en place d'une méthode simplifiée pour la simulation de l'usure et la prédiction de la durée de vie de la machine nécessite la mise au point d'outils numériques pour la résolution des problèmes normal et tangentiel du contact roulant. La détermination de l'aire de contact et la répartition de pression agissant sur cette aire est à la base de la résolution complète. Dans le cadre stationnaire, nous avons validé la résolution simplifiée du problème complet de contact.

Dans une première étape, nous avons montré qu'une approche dite semi hertzienne avec diffusion est capable de reproduire l'empreinte de contact et la distribution de pression quelles que soient les géométries des solides en contact avec un coût numérique très faible en comparaison avec la méthode exacte résolue avec CONTACT. Cette approche se base sur l'interpénétration des corps en contact à l'état non déformé et recourt dans sa démarche de résolution à une technique de diffusion, celle des éléments diffus détaillée dans le second chapitre. Cette approche est validée sur des cas de contact caractérisés par des géométries sévères. Pour élargir le champ d'application de la méthode, nous avons récapitulé les résultats de nos calculs divers en traçant des courbes décrivant l'évolution du coefficient de diffusion optimal en fonction de différents cas de géométries et de chargements.
Pour simuler l'usure, il faut déterminer les cisaillements, les vitesses de glissement et la puissance dissipée par contact. Ces éléments sont calculés en adaptant l'approche simplifiée Fastsim de Kalker au modèle semi hertzien.

Dans une deuxième étape, nous étendons la résolution au cas non stationnaire. Nous avons pu montrer à travers une méthode pas à pas que le terme transitoire a une faible contribution au niveau des résultats trouvés. Nous avons donc opté pour l'utilisation d'une succession de l'approche semi hertzienne avec diffusion pour la description de l'évolution des résultats des problèmes normal et tangent du contact roulant. L'aspect transitoire de l'évolution apparaît en prenant en considération la dynamique des solides dans la modélisation.
L'écriture locale de la loi d'Archard proposée pour simuler l'usure dans les contacts transitoires, fait appel à la puissance linéique dissipée par contact. Ce terme est connu grâce à la résolution du problème tangentiel. L'évolution des profils usés des solides est décrite en fonction du temps et aux endroits les plus sollicités.

Dans la troisième partie de cette étude, nous avons appliqué le modèle dynamique au problème industriel des souffleuses des bouteilles plastiques. C'est à l'entrée de la came que le phénomène de glissement est le plus critique. En conséquence, la puissance dissipée est importante et la profondeur d'usure à cet endroit est très élevée. Pour remédier à ce problème mis en évidence clairement par la simulation, nous pouvons envisager plusieurs solutions telles que l'augmentation de la dureté du matériau constituant la came pour faire diminuer l'incrément de l'usure ou la réduction de la pression de contact. Pour cela, les industriels peuvent utiliser des galets plus souples : la zone de contact devient plus grande et la pression diminue. Cela implique une diminution des cisaillements et par conséquent de la puissance linéique dissipée par contact.

La connaissance de l'effort de contact est déterminante sur l'évaluation de l'usure et pour affiner sa précision, nous avons pris en compte la flexibilité des pièces mécaniques. La faisabilité de la simulation est réalisée sur un mécanisme simplifié reproduisant l'ouverture des moules. La réponse dynamique des pièces ainsi que l'effort de contact dépendent de l'élasticité des composantes et des liaisons dans le système. La réponse du système est influencée par l'amortissement qui atténue l'aspect oscillatoire au niveau des courbes de réponse et facilite la résolution numérique. Cependant, la valeur de l'amortissement qui englobe le frottement, les défauts d'élasticité…n'est pas connue et il faudrait pouvoir comparer les résultats numériques avec des résultats expérimentaux pour procéder à l'identification de cet amortissement. On a appliqué cette approche au cas de la souffleuse SBO1 pour souligner encore une fois l'influence des flexibilités sur la dynamique du système.

Dans l'avenir et compte tenu des résultats prometteurs dans le cadre de la flexibilité, il pourrait être envisagé d'étendre l'étude dynamique au cas de la technologie plus complexe des souffleuses industrielles. Une meilleure description de la cinématique de la machine et une évaluation réaliste de l'effort de contact est le point de passage obligé pour la résolution du problème de contact et la simulation de l'usure dans les machines industrielles.
Les valeurs numériques de certains paramètres du modèle sont mal connus : le coefficient de frottement, les pseudoglissements…
Le parti pris de cette étude était de développer des modèles pour les différentes étapes de la simulation de l'usure en non stationnaire :
- Description cinématique de la machine
- Détermination des forces de contact
- Etude dynamique locale du galet
- Etude des microglissements
- Simulation de l'usure

Ce travail vient en complément de l'approche probabiliste mise en place dans le cadre de la thèse de Sylvain Cloupet *[Clo 06]* et pourra être généralisé pour offrir à l'industriel intéressé un ensemble d'outils permettant la simulation de l'usure sur des machines complexes avec une prise en compte des dispersions industrielles.

Bibliographie

[ARC 53] J.F.Archard, Contact and rubbing of flat surfaces, J. Appl. Phys. 24, p. 981–988 ,(1953).

[ARC 56] J.F.Archard, W.Hirst, Wear of metals under unlubricated conditions, proceedings of the Royal Society of London, p. 3-55, (1956).

[AYA 03] J.B.Ayasse, H.Chollet, Contact semi hertzien, INRETS-LTN, rapport, (2003).

[AYA 05] J.B.Ayasse, H.Chollet, Determination of the wheel rail contact patch in semi-Hertzian conditions, Vehicle System Dynamics 43, p. 161-172, (2005).

[AYE 04] J.Ayel, Usure dans les moteurs-Formes fondamentales, Editions T.I., Dossier BM 2753, N° BL1, (2004).

[BAR 04] O.Barreau, Etude du frottement et de l'usure d'acier à outils de travail à chaud, thèse Institut National Polytechnique de Toulouse, (2004).

[BEL 02] L.Beleca Vumescu, Déplacement relative et frottement à l'interface d'un contact élastique, thèse INSA lyon, (2002).

[BLO 78] J.Blouet, Usure, Editions T.I., Dossier : B585_2_1978, (1978).

[BOU 85] J.Boussinesq, Application des potentiels à l'équilibre et du mouvement des solides élastiques, Gauthier-Villars, Paris (1885).

[CAL 05] G.Calabrese, I.Hinder, S.Husa, Numerical stability for finite difference approximations of Einstein's equations, Journal of computational physics, (2005).

[CAR 26] F.W.Carter, On the action of a locomotive driving wheel, proceedings of the Royal Society of London A 112, p. 151-157, (1626).

[CAT 38] C.Cattaneo, Sul conttato di due corpi elastici: distribuzione locale degli storzi, Rendiconti dell academia nazionale, ser. 6, volume XXVIII, p. 342-348, (1938).

[CER 82] V.Cerruti, Accademia dei Lineci, Roma. Mem. fis. mat. (1882).

[CHE 00] L.Chevalier, Fonction "roulement": détérioration des pistes de came (Deuxième partie), Technologie 104, p. 31-40, (2000)

[CHE 00]   L.Chevalier, H.Chollet, Endommagement des pistes de roulement, Mec. Ind.1, p. 77- 103, (2000).

[CHE 02]   L.Chevalier, RDM et MMC comparées sur un cas de dimensionnement de levier, Technologie 119, p. 35-41, (2002).

[CHE 04]   W.Chen, H.Ding, Potential theory method for 3D crack and contact problems of multi-filed coupled media : a survey, Journal of Zhejiang University Science, p. 1009-1021, (2004).

[CHE 04]   L.Chevalier, Mécanique des systèmes et des milieux déformables, ellipses édition, (2004).

[CHE 05]   L.Chevalier, S.Cloupet, C.Soize, Probabilistic approach for wear modelling in steady state rolling contact, Wear 258, p. 1543-1554, (2005).

[CHE 06]   L.Chevalier, S.Cloupet, A.Eddhahak-Ouni, Contributions à la modélisation simplifiée de la mécanique des contacts roulants. Mécaniques et Industries 7, p. 155- 168, (2006).

[CHE 99]   L.Chevalier, Fonction "roulement": détérioration des pistes de came (Première partie), Technologie 104, p. 31-43, (1999).

[CLO 06]   S.Cloupet, Simulation de l'usure superficielle par microglissement dans les contacts roulants came-galet : approche probabiliste des dispersions expérimentales, thèse de Doctorat, ENS de Cachan, (2006).

[COS 01]   M.Costa, J.Coulomb, Y.Maréchal, S.Nabeta, Approximation adaptative des fonctions objectifs par la méthode des éléments diffus, Revue internationale de génie électrique 4, p. 1-2, (2001).

[COU 85]   C.A.Coulomb, Théorie des machines simples, Mémoire de Mathématique et de Physique de l'Académie Royale, p. 161-342, (1785).

[EDD 05]   A.Eddhahak-Ouni, L.Chevalier, S. Cloupet, Approche simplifiée pour le calcul de la puissance dissipée par contact non hertzien entre solides, XVII congrès Français de Mécanique cfm, (2005).

[EDD 06]   A.Eddhahak, L.Chevalier, S.Cloupet, On a simplified method for wear simulation in rolling contact problems, III European conference on computational mechanics ECCM, Lisbonne, (2006).

[ERN 04]   A. Ern, Calcul scientifique, cours ENPC, (2004).

[FLO 06]   P.Flores, J.C.P.Claro, J.Ambrosio, J, H.M.Lankarani, Numerical simulation of the wear in journal bearings, 5th EDF & LMS Poitiers Workshop: "Bearing Behavior Under Unusual Operating Conditions", Futuroscope (2006).

[FRA 93]   D.François, A.Pineau, A.Zaoui, Comportement mécanique des matériaux, éditions Hermès, (1993).

[FRE 01]   J.Frêne, La tribologie de l'antiquité à nos jours, Mécanique & industries, volume 2, p. 263-282, (2001).

[GMÜ 97]   T.Gmûr, Dynamique des structures : Analyse nodale numérique des systèmes mécaniques, 574 pages, (1997).

[GOR 98]   Goryacheva, I.G , Contact mechanics in tribology, Springer (1998).

[HAI 63]   D.J.Haines, E.Ollerton, Contact stress distribution on elliptical contact surfaces subjected to radial and tangential forces. Proc. Inst. Mech. Engrs., volume 177, p. 95-114, (1963).

[HER 96]   H.Hertz, Über die berührung fester elasticher Körper (On the contact of elastic solids), J.Reine und Angewandte Mathematic 92, p. 156-177, 1882, translated and reprinted in Hetz's Miscelaneous Papers, MacMillan & Co, London, (1896).

[HIL 93]   D.A.Hills, D.Nowell, A.Sackfield, Mechanics of elastic contacts, Oxford : Butterworth-Heinemann, 496 p., (1993).

[JEN 02]   T.Jendel, Prediction of wheel profile wear- comparisons with field measurements, wear 253, p. 89-99, (2002).

[JIN 93]   Z.M.Jin, M.Dixon, D.Dowson, J.Fisher, Simple analytical procedure for the determination of the contact pressure of a layered surface on a rigid backing, wear 169, p. 189-193, (1993).

[JIN 95]   Z.M.Jin, D.Dowson, J.Fisher, Contact pressure prediction in Total Knee Joint replacement : Part 1 : General elasticity solution for elliptical layered contacts, Proc. Inst. Mech. Eng., volume 209, p.1-8, (1995).

[JOH 58]   K.L.Johnson, The effect of a tangential contact force upon the rolling motion of an elastic sphere on a plane, Journal of Applied Mechanics 25, p. 339-346, (1958).

[JOH 85]   K.L.Johnson, Contact Mechanics, Cambridge University Press, Cambridge (1985).

[KAL 00]   J.J.Kalker, B. Jacobson, Rolling Contact Phenomena: Linear Elasticity, Berlin, (2000).

[KAL 04]   J.J.Kalker, A.D. De Pater, Survey of the theory of local slip in the elastic contact region with dry friction, International Applied Mechanics, volume 7, p. 472-482, (2004).

[KAL 67]   J.J.Kalker, On the rolling contact of two elastic bodies in the presence of dry friction, Thesis Delft, (1967).

[KAL 72]   J.J.Kalker, Y.Van Randen, A minimum principle for frictionless elastic contact with application to non-hertzian half space contact problems, Journal of engineering Mathematics, volume 6, p. 193-206, (1972).

[KAL 79]   J.J.Kalker, The computation of three dimensional rolling contact with dry friction, volume 14, issue 9, p. 1293-1307, (1979).

[KAL 82]   J.J.Kalker, A Fast Algorithm for the Simplified Theory of Rolling Contact, Vehicle System Dynamics 11, p. 1-13. (1982) .

[KAL 82]   J.J.Kalker, The contact between wheel and rail, Delft: Delft University of Technology, Report of the Department of mathematics and informatics, 36 pages, NO. 82-27, (1982).

[KAL 87]   J.J.Kalker, Wheel-rail wear calculations with the program CONTACT, Proc. Int. Symp. on contact mechanics and wear of rail-wheel systems II, University of Watreloo Press, Waterloo, p. 3-26, (1987).

[KAL 90]   J.J.Kalker, Three dimensional elastic bodies in rolling contact, Kluwer academic publischers, Boston, London, (1990).

[KAL 91]   J.J.Kalker, Wheel-rail rolling contact theory, wear 144, p. 243-261, (1991).

[KIK 96]   W. Kik, J.Piotrowski, A fast approximative method to calculate normal load at contact between wheel and rail, and creep forces during rolling, Warsaw Technical University, 2nd mini-conference on contact mechanics and wear of rail/wheel systems, Budapest, (1996).

[KUM 02]   R.Kumar, B.Prakash, A.Sethuramiah, A systematic methodology to charcterise the running-in and steady state wear processes, wear 252, p. 445-453, (2002).

[LEG 94]   E.Legrand, F.Robbe-Valloire, Analyse des efforts tangentiels dans les contacts billes- bagues non lubrifiés, Rev. Fr. Méc. 2, p. 93-102, (1994).

[LEW 96]   R.W.Lewis, K.Morgan, H.R.Thomas, K.N. Seetharamu, The finite element method in heat transfer analysis (1996).

[LOV 26]   A.E.H.Love, A treatise on the theory of elasticity, 4th Ed. Cambridge University Press, (1926).

[LOV 29]   A.E.H.Love, The stress produced in a semi-infinite solid by pressure on part of the boundary, Phil. Trans. Royal Society, A228, p. 54-55, (1929).

[MAR 04]   P.Marron, Cours de mécanique, I.S.A.B.T.P , (2004).

[MOL 68]   C.R.Molenkamp, Accuracy of finite Difference Method applied to the Advection equation, American meteorological society, volume 7, p. 160-167, (1968).

[MOO 78]	M.A.Moore, Abrasive wear, Materials in engineering applications, volume 1, p. 97-111, (1978).
[NAK 06]	K.Nakayama. J.M.Martin, Trbochemical reactions at and in the vicinity of a sliding contact, wear 261, p. 235-240, (2006).
[NAT 05]	Y.Nath, K.Jayadev, Influence of yaw stiffness on the non linear dynamics of railway wheelset, communications in Nonlinear Science and Numerical Simulation 10, p. 179-190, (2005).
[NAY 91]	B.Nayroles, G. Touzot, P. Villon, La méthode des éléments diffus, C. R. Acad. Sci. Paris Ser. II 313, p. 133-138, (1991).
[NIL 06]	R.Nilsson, F.Svahn, U.Olofsson, Relating contact conditions to abrasive wear , wear 261, p.74-78, (2006).
[PAN 03]	V.Pank, B.Zastrau, Boundary integral equation method in rolling contact problems involving roughness, wear and frictional heating, PAMM, Vol.2, p. 168-169, (2003).
[PAU 04]	P.Paultre, Dynamique des structures : Application aux ouvrages de génie civil, Hermès Lavoisier, 702 pages, (2004).
[PIO 05]	J.Piotrowski, H.Chollet, Wheel–rail contact models for vehicle system dynamics including multi-point contact, Vehicle System Dynamics, volume 43, p. 455-483, (2005).
[PLU 98]	S.Plumet, Modélisation d'un milieu multicouches 3D sous sollicitation de contact : Application aux prothèses de genou stérilisées, thèse INSA lyon, (1998).
[POD 97]	P.Podra, S.Andersson, Wear simulation with the Winkler surface model, Wear 207, p. 79-85, (1997).
[QUE 65]	C.A.Quener, T.C.Smith, W.L.Mitchell, transient wear of machine parts, volume 8, p. 391-400, (1965).
[QUO 05]	X.Quost, Modélisation de l'effet du vent sur les trains à grande vitesse, une étude dynamique et stochastique appliquée aux risques de renversement, thèse de Doctorat, Laboratoire de Mécanique des Structures - Ecole Centrale de Lyon, (2005).
[QUO 06]	X.Quost, M.Sébès, A.Eddhahak, J.B.Ayasse, H.Chollet, P.E.Gautier, F.Thouverez, Assessment of a semi-Hertzian method for determination of wheel-rail contact patch, Vehicle System Dynamics 44, p. 789-814, (2006).
[RAB 95]	E.Rabinowiez, Friction and wear of materials, wiley-Interscience, 2ème edition, (1995).

[ROB 84]   M.Robelet, T.Barnavon, J.Tousset, S.Fayelle, D.Treheux, P.Guiraldenq, Amélioration des propriétés mécaniques des matériaux par implantation ionique, Annales de chimie, volume 9, No.9, p. 305-309, (1984).

[SAN 04]   F.de C.Santos, A.A.dos Santos Jr, F.Bruni, Evaluation of subsurface contact stresses in railroad wheels using an elastic half space model, Journal of the Brazilian Society of Mechanical Science and Engineering, volume 26, p.420-429, (2004).

[SAU 05]   A.Saulot, Analyse tribologique du contact Roue-Rail : Modélisations et expérimentations, thèse INSA lyon, (2005).

[SHE 84]   Z.Y.Shen, J.K.Hedrick, J.A.Elkins, A comparison of alternative creep-force models for rail vehicle dynamic analysis, Proceedings of the 8th IAVSD Symposium Cambridge U.K. Swets and Zeitlinger B.V. Lisse, p. 591-605, (1989).

[SHE 96]   Z.Shen, Z.Li, A fast non steady creep force model based on the simplified theory, wear 191, p. 242-244, (1996).

[SOI 01]   C.Soize, Dynamique des structures, éléments de base et concepts fondamentaux, ellipses édition, (2001).

[SOI 01]   C.Soize, Maximum entropy approach for modelling random uncertainties in transient elastodynamics, J. Acoust. Soc. Am., volume 109, No.5, p. 1979-1996, (2001).

[SOU 97]   B.Soua, Etude de l'usure et de l'endommagement du roulement ferroviaire avec des modèles d'essieux non rigides, thèse ENPC, (1997).

[TAO 04]   Y. yan-Tao, The comparison of several difference scheme, rapport (2004).

[TEL 00]   T.Telliskivi, U.Olofsson, U.Sellgren, P.Kruse, A tool and a method for fe analysis of wheel and rail interaction, 10th international ANSYS conference and exhibition, Pittsburg, (2000).

[TEL 04]   T.Telliskivi, Simulation of wear in a rolling–sliding contact by a semi-Winkler model and the Archard's wear law, Wear 256, p. 817-831 (2004).

[VER 58]   P.J.Vermeulen, K.L.Johnson, Contact of non-spherical bodies transmitting tangential forces, Journal of Applied Mechanics 25, p. 339-346, (1958).

[VIN 05]   P. Vincent, Machines et équipements mécaniques, des cadences plus élevées en toute sécurité, rapport, centre technique des industries mécaniques Cetim, (2005).

[WER 62]   W.Wernitz, Friction at Hertzian contact with combined roll and twist. Proc. Symp. Rolling Contact Phenomena, Elsevier, p. 132-156, (1962).

[WU 07]   T.X.Wu, D.J.Thompson, An investigation into rail corrugation due to micro-slip under multiple wheel/rail interactions, ISVR Technical Memorandum No. 887, (2007).

[YAN 05]   L.J.Yang, A methodology for the prediction of standard steady-state wear coefficient in an aluminium-based matrix composite reinforced with alumina particles, Journal of Materials Processing Technology, volumes 162-163, p. 139-148, (2005).

....
....

....
....
....

www.ingramcontent.com/pod-product-compliance
Lightning Source LLC
Chambersburg PA
CBHW021056210326
41598CB00016B/1230